포켓브러리

10

김형미 지음

칼로리를
디자인하라

세창미디어

포켓브러리 10

칼로리를 디자인하라

초판 인쇄 2011년 9월 25일
초판 발행 2011년 9월 30일

지은이 김형미

펴낸이 이방원

편집 김명희 · 안효희 · 김민수 · 강윤경 | **디자인** 박선옥 | **마케팅** 최성수

펴낸곳 세창미디어 | **출판신고** 1998년 1월 12일 제300-1998-3호

주소 120-050 서울시 서대문구 냉천동 182 냉천빌딩 4층

전화 723-8660 | **팩스** 720-4579

이메일 sc1992@empal.com

홈페이지 http://www.scpc.co.kr

ISBN 978-89-5586-137-2 04590

ISBN 978-89-5586-096-2(세트)

값 5,000원

칼로리를 디자인하라 / 김형미 지음. ─ 서울 : 세창미디어, 2011
    p. ;   cm. ─ (포켓브러리 ; 010)

ISBN 978-89-5586-137-2 04590 : ₩5000
ISBN 978-89-5586-096-2(세트)

594.1-KDC5
641-DDC21   CIP2011003902

Caloric Design

칼로리를
디자인하라

Calorie
Design

에너지, 칼로리 통장, 그리고 체중

지구상의 모든 생명체는 에너지를 사용하여 존재합니다. 에너지는 일을 할 수 있는 능력을 뜻하는 것으로 위치, 운동, 전기, 열, 빛, 화학 에너지 등의 여러 형태로 존재하며 상호전환이 가능합니다. 이 모든 에너지의 근원은 태양에너지에서 비롯됩니다. 식물은 태양에너지를 받아 탄수화물, 지방, 단백질이라는 화학 결합 에너지 형태로 저장하고 있지요. 사람과 동물은 식물을 섭취하여, 식물에 저장된 당질, 단백질, 지질을 대사하여 생명활동에 필요한 에너지를 얻습니다. 이때의 에너지는 열의 형태이며, 열의 양을 측정하는 단위를 칼로리(car)라고 합니다. 1칼로리(cal)는 물 1g을 1℃ 높이는 데 필요한 열, 즉 에너지의 양을 의미합니다. 즉, 칼로리는 에너지의 단위로, 라틴어에서□열'을 의미하는 단어인 'calor'에서 유래하였다고 합니다. 최근 식품과 영양에 대한 관심이 높아지면서, 일상에서 '칼로리'란 단어를 자주 접하게 됩니다. 음식에 들어있는 열량도 칼로리로 표시하고 인체가 생리적으로 사용하는 열량도 칼로리로 나타내지요. 엄밀히 말하면 이때의 칼로리는 cal가 아니라 kcal(1000cal)입니다. 뿐만 아니라 일상생활에서의 '칼로리'는 에너지 양(열량)의 단위 외에도 에너지라는 그 자체의 의미로도 널리 사용되고 있습니다. 이 책에서도 에너지 또는 열량, 칼로리란 용어를 동일한 의미로 사용할 것입니다.

식품의 섭취를 통해서 우리 몸에 공급되는 에너지를 '섭취칼로리'(에너지, 열량)라고 하고, 신체기능 유지, 신체활동, 섭취된 식품의 소화작용을 위해 사용되는 에너지를 '소비칼로리'라고 합니다. 섭취칼로리와 소비칼로리는 우리 몸의 정교한 에너지 조절 시스템에 의해서 균형이 이루어집니다. 즉, 우리 몸은 본능적으로 일정한 체중과 체지방을 유지하기 위해 섭취된 칼로리와 소비칼로리의 균형을 이루려고 하지요. 쉽게 설명해 볼까요? 우리 몸에 칼로리 통장이 있다고 상상해보세요. 그 통장은 식욕, 포만감, 그리고 음식 섭취를 통해 칼로리가 입고되고 기초대사, 신체활동으로 칼로리가 지출됩니다. 본능적으로 내 몸이 어느 정도까지는 알아서 섭취에너지(칼로리 입고)와 소비에너지(칼로리 지출)의 균형을 맞추게 되지요. 따라서 체중이 일정하게 유지되고 있다면, 섭취와 소비 에너지의 균형이 이루어지고 있는 것으로 간주할 수 있습니다. 반면 오랫동안 섭취에너지가 소비에너지보다 많아지게 되면 칼로리 통장은 플러스 통장이 되어 남은 칼로리는 지방으로 변해 인체에 저장되면서 체중이 증가하게 되고, 이 상태가 지속되면 '비만'이 됩니다. 반대로 섭취 에너지보다 소비 에너지가 많은 경우에는 체내에 저장된 지방조직과 근육이 분해되면서 칼로리를 공급하게 되므로 점차적으로 체중이 감소하게 되겠지요? 반면에 섭취 에너지와 소비 에너지와의 의도적인 불균형, 즉 칼로리 통장을 마이너스로 만들게 되면 체중이 감량하겠죠. 이것을 '다이어트'라고 하지요.

이제부터 에너지와 체중, 그리고 조절시스템에 대하여 알아보도록 하겠습니다.

1. 에너지와 체중

인류의 역사는 300만 년 전부터 시작되었다고 합니다. 인류는 역사 속에서 약 99.9%의 기간을 원시인으로 살았습니다. 원시시대에는 사냥을 나갔다가 아무런 수확 없이 돌아오는 날도 많았을 것이고, 겨울철에는 사냥도 어렵고, 열매나 풀을 구하기도 쉽지 않아 그냥 굶는 경우도 많았을 것 입니다. 농경사회에 접어들어서도 마찬가지였습니다. 홍수나 가뭄으로 흉년이 되면 초목근피로 연명하거나 굶어 죽는 사람들이 생겼습니다. 이러한 과정을 겪으며 결국 인간은 어렵게 구한 음식물로 공급되어진 에너지를 비축해 두려하고 철저하게 아껴 쓰려는 유전자가 형성되게 되었습니다. 현대인에게도 이러한 '절약 유전자'가 그대로 전달되어,

여분의 에너지가 들어와도 기아상태를 대비해 체내에 본능적으로 비축해둡니다. 그런데 지금은 언제 어디에서든 쉽게 먹을거리를 구하고 먹을 수 있는 시대가 되었습니다. 결론적으로 에너지가 과잉으로 공급되어도, 에너지 절약 유전자에 의해 계속 몸에 축적되는 것이지요. 과거 생존에 도움이 되었던 '에너지 절약 유전자'가 현재에는 반대로 비만을 일으키는 요인이 되고 있다는 이론이 설득력을 얻고 있지요.

한편 원시인류 시절부터 체중이나 체지방을 일정 수준으로 유지하려는 조절기능이 있다는 이론이 있습니다. 세트-포인트(set-point) 이론으로 개인마다 본능적으로 설정되어진 '체중 조절점'이 있어서, 신체의 조절기관인 뇌 시상하부에서, 체중을 유지하기 위해 식욕뿐만 아니라 체내의 에너지 대사율까지도 조절한다는 것이지요. 일시적으로 굶거나 식사량을 적게 하여 에너지 공급을 감소시키게 되면 체중은 어느 정도 감소되다가, '체중 조절점' 이하로 낮아지게 되면 신체는 이러한 변화에 저항하게 됩니다. 즉, 체중 조절점 이상으로 유지하기 위해, 우리 몸은 식욕 중추를 자극하거나, 일단 공급된 영양소의 에너지 대사율을 높여서, 예전보다 적은 양의 음식으로도 빠르게 예전 체중으로 돌아오려는 노력을 하게 되지요. 다이어트를 하다가 음식의 양이 조금만 더 증가해도 체중이 더 증가하게 되는 '요요현상'이 바로 이 이론을 뒷받침해주는 현상이지요.

이와 같이 우리 몸은 본능적으로 에너지를 비축하려고 하고, 체중의 변화에 예민하여, 체중이 지속적으로 감소하게 되면, 에너지 조절 시스템을 가동시켜 에너지 효율을 증가시킵니다. 즉, 인체는 지방세포를 통하여 에너지를 무한대로 저장할 수 있으며, 일단 저장된 에너지를 사용하는 것에는 대단히 방어적입니다. 따라서 먹을거리가 풍족하여지고 문명의 발달로 인해 활동량이 적어진 현대인에게 비만은 필연적인 결과라고 할 수 있습니다. 일부에서는 비만을 인류의 진화(?) 과정이라고 주장하기도 하지요. 그러나 세계보건기구(WHO)에서는 비만을 질병으로 규정하였습니다. 어디 그뿐인가요? 비만은 당뇨, 심혈관계 질환, 심지어는 암을 동반합니다. 이제 비만은 개인의 문제를 넘어서 사회적 문제가 되고 있습니다. 미래에는 비만은 개인적인 문제를 떠나, 인류에게 재앙이 될 수 있다는 우려의 목소리가 높습니다.

2. 에너지와 호르몬

에너지항상성에는 수많은 신경전달물질과 호르몬이 관여하지만 장기적인 에너지균형에서 가장 중요한 역할을 하는 것은 지방조직에서 분비되는 렙틴 호르몬과 췌장에서 분비되는 인슐린 호르몬입니다. 인슐린 호르몬은 음식을 먹은 후 소화과정을 거쳐 작은창자에서 흡수된 탄수화물의 최종 대사물인 포도당을 각 세포로 이동시켜줍니다. 각 세포에서는 이 포도당을 대사하여 에너지를 만들어 내지요. 또한 인슐린은 포도당의 이동 통로가 되는 혈관에 포도당이 혈액에 일정한 양으로 유지시켜주는 기능이 있습니다. 한편 1994년에 지방조직에서 분비되는 '렙틴'이라는 호르몬이 발견되었습니다. '렙틴호르몬'은 체내 지방량이 줄어들면 분비가 줄어들게 되고, 뇌에서 렙틴이 부족하다는 신호를 받으면 신진대사 속도를 떨어뜨려 에너지를 아끼고 식욕 중추를 자극하여 식사 섭취량을 증가시키게 됩니다. 반대로 체내 지방량이 많아지면 렙틴 분비가 증가되고, 뇌는 렙틴이 충분하다는 신호를 받아서 신진대사를 높여 에너지 소비를 늘리고 식욕을 억제하여 섭취량을 줄이게 되지요. 연구에서 실험쥐를 렙틴이 생성되지 않게 유전자조작을 가하자, 그 실험쥐는 한없이 먹기 시작하여 형제 쥐보다 체중이 4배 이상 많이 나갔지만 렙틴 호르몬을 주사하자 체지방이 줄면서 정상체중으로 돌아왔다는 연구 보고가 있습니다. 이 외에도 많은 연구를 통해 신체는 렙틴호르몬을 통하여 신진대사 속도와 식욕을 조절하고 궁극적으로 우리 몸에서 에너지의 공급과 지출을 조절함을 알 수 있습니다.

또한 여러 가지 원인으로 인슐린 호르몬이 제대로 작동을 못하게 되면 렙틴 호르몬 또한 제대로 기능을 다하지 못하게 됩니다. 반대의 경우로 렙틴 저항성이 생기면 또 다시 인슐린 저항성을 악화시키게 됩니다. 이렇게 인슐린과 렙틴 저항성은 악순환을 계속하면서 복부에 지방이 쌓이게 하고 이상태가 지속되게 되면 대사증후군과 당뇨병을 일으키게 됩니다. 만성스트레스 역시 렙틴 호르몬의 저항성을 일으키게 됩니다. 만성스트레스는 수면장애, 우울증과도 밀접한 관련이 있고 탄수화물을 탐닉하게 하여 인슐린 저항성의 위험을 증가시키게 됩니다. 설탕 같은 단순 당이 많이 함유된 정제가공식품은 입에서 살살 녹는 단맛으로 뇌에 학습, 기억, 기분이 좋아지고 스트레스가 해소되는 느낌을 유발시켜, 그 맛에 탐닉되면서 에너지항상성을 교란시킵니다. 본능적으로는 뇌에 에너지가 충분하다는 포만감 신호를 보내지만 뇌는 음식이 주는 즐거움에 중독되면서 이런 음식을 더 많이 먹도록 신호를 보내게 되지요, 운동부족으로 근육량이 줄어들고 근육 사이사이에 지방이 붙는 것도 인슐린과 렙틴 호르몬 저항성의 원인이 됩니다.

이외에도 갑상선호르몬은 세포의 대사기능을 항진시켜 기초대사량을 증가시키게 됩니다. 따라서 이 호르몬이 과하게 분비되면 아무리 많이 먹어도 체중이 감소하게 되고, 땀도 많이 나는 등 신진대사가 항진되게 됩니다. 사실 시중에서 '기적의 살 빼는 약'에는 감초처럼 이 호르몬이 들어 있다고 합니다. 그러나 반대로 갑상선 호르몬이 너무 적게 분비되어도 신진대사가 저하되면서 조금만 먹어도 살이 찌게 되고, 육체와 정신적으로 게을러지게 됩니다.

이렇게 우리 몸은 호르몬에 의해 식욕중추에 의한 식욕 자극, 섭취된 열량 영양소의 대사율, 그리고 우리 몸의 기초대사율을 조절하여 섭취 에너지와 소비 에너지와의 균형을 이루게 함으로써 에너지 항상성을 유지하려고 합니다. 반면 이러한 호르몬이 정상적으로 분비되지 않는다면 에너지 항상성은 깨지게 되고, 건강에 적신호가 켜지게 됩니다.

칼로리! 어디에 지출될까요?

　이제부터는 우리 몸에서 칼로리가 어디에 지출되는지 알아볼까요? 우선 호흡하고, 체온을 일정하게 유지하고 심장이 뛰게 하여 혈액 순환을 통해 영양소와 산소를 각 세포로 전달하는 등 생명활동에 필요한 기본적인 활동인 신진대사(기초대사)에 가장 많은 칼로리가 소모됩니다. 그 다음 근육을 사용하여 걷고, 운동하고, 일하고 활동하는 데 칼로리가 사용되지요. 이외에 우리가 먹은 음식을 소화하여 그 속에 있는 영양소들을 우리 몸에 필요한 상태로 만드는 데도 칼로리가 필요하답니다. 이러한 칼로리의 합이 곧 우리가 매일 사용하는 칼로리, 즉 에너지의 총 합이 됩니다.

칼로리 소비량은 남자와 여자, 어린이부터 노인, 개인별 체중, 성장유무, 활동정도 등에 따라 차이가 있습니다. 문제는 문명의 발달로 인해 과거에 비해 사람들의 칼로리 소비가 점점 감소하고 있다는 것이지요. 또한 체중을 감량하겠다고 무리하게 식사량을 줄이게 되면, 우리 몸은 원래의 체중을 유지하기 위하여 호르몬 등 여러 가지 적응기전을 사용하여 신진대사로 소비되는 에너지량을 감소시키면서 적은 식사량에 적응하려고 합니다. 때문에 식사섭취량을 감소하게 되면, 어느 단계에서는 줄인 양에 비례하여 지속적으로 체중이 감소하지 않습니다. 때로는 음식섭취량이 늘지 않았는데도 신진대사 소비량이 감소하면서, 동일한 식사량에도 오히려 체중이 증가하게 됩니다. 이렇게 우리 몸은 본능적으로 신진대사에 사용되는 칼로리를 조절하여, 기존 체중을 유지하려고 합니다. 때문에 일단 비만이 되면 체중을 다시 조절하기가 매우 어렵습니다.

1. 기초대사 활동에 지출

신진대사 또는 기초대사란 기본적으로 생명활동을 유지하기 위해 신체 내에서 무의식적으로 일어나는 활동 및 대사 작용, 즉 체온조절, 심장 근육의 수축작용, 혈액순환, 호흡 등에 사용되는 에너지를 말합니다. 식사 후 최소한 12시간이 지나고, 완전한 휴식상태에서 일정한 온도에서 생명을 유지하는 데 필요한 최소한의 열량을 의미합니다. 정상 성인의 기초대사량은 1,200~1,800kcal 로, 하루 소모열량의 60~70%를 차지하지요. 물론 기초대사량은 개인마다 차이가 클 수 있습니다. 신체의 체표면적, 성별, 체온, 호르몬, 영양상태, 나이, 임신 등 각각의 상황에 따라 다를 수 있습니다. 즉, 같은 연령과 키를 가진 사람이라도 체표면적이 크면 피부를 통하여 발산되는 에너지 손실이 크기 때문에 그만큼 기초대사량이 높을 수 있고, 같은 연령일 경우 남성이 여성보다 지방량이 적고 오히려 대사 활동량이 많은 근육이 많으므로 기초대사량이 더 높지요. 따라서 근육이 잘 발달된 운동선수의 기초대사량도 그렇지 않은 사람보다 더 높겠지요? 어디 그뿐인가요? 겨울철이 여름철보다 기초대사량이 약 10% 정도 증가하게 되는데, 이는 기온이 낮아지면, 인체는 체온을 일정하게 유지하기 위해 더 많은 열을 발생시키기 때문이지요. 또한 고열이 나도 기초대사량이 증가하게 되지요. 연령에 따라서도 차이가 나는데, 생후 1~2년에 가장 높고, 성인 이후에는 나이가 증가함에 따라 서서히 기초대사량이 감소하게 되는데, 이는 나이가 들어 성장이 멈추게 되면 성장에 필요한 기초대사량은 필요 없게 되는 반면 점점 체지방이 증가하기 때문이지요. 여성의 경우 임신 혹은 수유 시 기초대사량이 증가하며, 월경 주기에 따라서도 기초대사량이 달라지는데, 월경 직전에는 기초대사량이 증가하고 월경 시작 후에는 감소합니다. 영양상태에 따라서도 기초대사량이 달라지는데, 식사섭취량이 감소하면 인체는 적은 식사량에 적응하기 위해 단기간 동안 기초대사량이 감소합니다. 이런 이유로 다이어트 초기에 체중의 변화가 잘 나타나지 않는 거랍니다. 잠자는 동안은 깨어 있을 때보다 기초대사량이 약 10%가 낮아집니다. 이상에서 언급한 기초대사량에 영향을 미치는 여러 요인들을 아래 표에서 요약하였습니다.

기초대사량에 영향을 주는 요인 ┃

증가요인	감소요인
근육량, 고열, 배란, 체표면적, 갑상성 호르몬, 남성, 성장, 유전, 니코틴, 카페인, 스트레스, 낮은 온도	열량 섭취량 감소, 영양불량, 유전, 여름, 월경 시작 후

2. 의식적인 근육 활동에 지출

인체에 필요한 칼로리 중 기초대사량 다음으로 많이 소모되는 칼로리는 주로 의식적인 근육활동에 필요한 칼로리이지요. 이 에너지는 활동의 종류, 활동 강도, 시간, 체중 등에 따라 다르기 때문에 개인차가 가장 클 수 있습니다. 일반적으로 하루 소모 칼로리의 15~30%를 차지합니다. 현대인의 경우 일상적인 활동량이 적어지면서 활동에 따른 에너지 소모량이 적어지게 되면서 결국 사용되지 못한 칼로리가 체지방으로 저장되면서 체중이 증가하게 되지요. 이렇듯 신체활동의 에너지는 1일 총 필요 칼로리를 결정하는 데 중요한 인자가 되는데 활동의 강도와 활동 양 그리고 체중에 따라서 필요한 칼로리가 달라집니다. 가벼운 활동정도는 대부분의 시간을 앉아서 하는 정적 활동으로 보낼 때를 의미하며 중등도 활동정도는 주로 앉아서 보내지만 가사일이나 가벼운 운동 등의 활동정도를 할 때이고 심한 활동정도는 주로 서서 하는 작업이나 활발한 움직임이 있는 운동 등의 활동을 의미합니다.

만약 다이어트가 필요하지만 먹는 양을 쉽게 줄일 수 없다면, 일상에서 활동량을 늘려 보는 것도 좋은 방법이 됩니다.

 칼로리 소비를 늘릴 수 있는 생활 속 노하우

1. 걸으려면 빨리 걸어라
보통 속도로 20분 걸으면 50kcal 정도 소모되지만 빠른 속도면 100kcal 소모됩니다.

2. 업무 중 가급적 움직이거나 스트레칭을 자주 한다.

엘리베이터 대신 계단을 이용하거나 스트레칭으로 50kcal 정도 소모할 수 있습니다.

3. 복식 호흡을 하자.

가끔씩 복식 호흡을 하자. 스트레스 조절과 복부 근육 강화에 도움이 됩니다.

4. 동료들과 대화를 즐기자

30분 대화에 50~60kcal 소모는 거뜬합니다.

5. 점심시간을 최대한 활용하자

가급적 멀리 걸어가서 점심을 먹고 산책하면서 들어오면 약 70~80 kcal 소모됩니다.

당신의 활동량은 어느 정도이십니까? |

활동정도	활동정도 예
가벼운 활동정도	앉아서 하는 일, 사무직일, 타이핑치기 등
중정도 활동정도	보통 속도로 걷기, 빨래, 청소, 아이보기, 경공업, 가사노동, 어부일
심한 활동정도	등산, 무거운 짐운반, 빠르게 달리기, 농사일, 광산일, 운동선수, 철강공일

활동 종류	시간당 사용 되는 칼로리	체중이 60kg인 사람인 경우
공부	0.42	25kcal
자동차 운전, 다림질, 컴퓨터	1.02	61kcal
손빨래, 청소	1.5	90kcal
자전거타기, 골프, 걷기	2.52	150kcal
탁구, 스케이트	4.02	241kcal
테니스, 뛰기, 계단 오르기	6.48	388kcal

3. 식품을 대사할 때 지출

음식을 먹고 나서 음식물을 소화하고 영양소를 흡수하고, 대사하는데도 칼로리가 사용됩니다. 예를 들어 실험실에서 탄수화물 1g을 태우면 4.3kcal가 발생되나, 우리가 당질 1g을 섭취하게 되면 4.3kcal 중 0.3kcal는 체내에서 당질이 대사되는 과정에 필요한 칼로리로 소모되고, 4kcal만이 신체의 기초대사와 활동을 위해 사용되지요. 실제 식사 후 몇 시간 동안은 기초대사량 이상으로 에너지가 소모되지요. 일반적으로 총 에너지 섭취량의 10% 정도로 소모되는데, 섭취한 영양소의 양과 종류에 따라 차이가 날 수 있습니다. 고단백질 위주의 식사를 한 경우가 고탄수화물이나 고지방 식사를 했을 때보다 에너지 소모가 높아 섭취 열량의 15~30%나 되지요. 설상가상으로 고지방 식사를 했을 때 이 에너지의 소모가 적다고 하니, 이 또한 고지방 식사를 한 경우에 살이 찔 수밖에 없는 이유 중에 하나가 되겠죠? 또한 많은 양의 식사를 한꺼번에 먹을 경우 적은 양의 식사를 몇 시간 동안 나누어서 먹을 때보다 음식 섭취에 의한 열 발생은 적다고 하니, 이러한 이유로 비만을 예방하기 위해서는 폭식보다는 조금씩 자주 먹는 것이 더 유리하지요.

Chapter 03

칼로리! 어디서 오는 걸까요?

우리 몸에 필요한 칼로리는 어떻게 공급될까요? 앞에서도 언급하였듯이, 모든 에너지의 근원은 태양에너지에서 비롯됩니다. 식물은 태양에너지를 받아 탄수화물, 지방, 단백질이라는 화학결합 에너지 형태로 저장하고 있지요. 사람이나 동물들은 이러한 에너지를 함유하고 있는 식품들을 섭취하고 이를 대사하여 생명활동에 필요한 에너지를 얻습니다. 그러면 우리 몸에 필요한 칼로리를 공급하는 영양소에 대해 자세히 알아볼까요? 식품에 들어 있는 영양소 중에서 탄수화물, 단백질, 지방을 3대 영양소, 또는 대량영양소라고 합니다. 이 영양소들은 몸 안에서 분해되고 흡수되는 일련의 화학과정을 거쳐 1g당 각각 4kcal, 4kcal, 9kcal의 칼로리를 냅니다. 순수한 물을 제외한 모든 식품에는 종류와 함량의 차이가 있을 뿐 대량영양소가 함유되어 있습니다. 예를 들어 곡류나 고구마, 감자 등에는 주로 탄수화물이 많이 들어있고, 육류나 어류, 계란 등 동물성 식품에는 단백질이, 기름이나 버터 등에는 지방이 주로 많이 들어 있습니다. 이러한 식품을 어떻게 조합

각 식품에 포함되어 있는 대량 영양소 성분(100g 기준) |

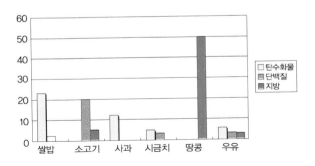

식품 속의 칼로리 계산 방법 [우유 1잔(200ml)의 칼로리] |

내 용	탄수화물	단백질	지 방
우유의 열량 영양소(200ml)	9g	5.8g	6.6g
영양소 열량가(kcal/g)	4kcal	4kcal	9kcal
Total	36kcal	59.4kcal	23.2kcal
우유 200ml에 들어 있는 각 영양소의 열량의 합 = 118.6kcal			

하여, 얼만큼 섭취하느냐에 따라 우리 몸에 공급되는 칼로리의 양이 달라집니다.

1. 최우선 칼로리, 탄수화물

탄수화물을 번역하면 탄소와 물의 결합체라는 뜻으로, 녹색식물의 엽록소가 태양에너지, 공기 중의 이산화탄소, 그리고 물을 이용하여 탄수화물을 만들어 저장합니다. 인간은 식물을 통해 탄수화물을 얻게 되고, 탄수화물 1g당 4kcal의 열량을 냅니다. 탄수화물의 체내 최종 대사물인 포도당은 일정량이 혈액에 녹아 있다가 각 세포로 운반되어, 그 곳에서 에너지원으로 사용되게 됩니다. 특히 뇌, 적혈구와 신경세포는 포도당만을 연료로 사용합니다. 굶거나, 오랜 시간 동안 음식을 먹지 않고 활동을 하게 되면 혈액 내 포도당 공급이 감소하게 됩니다. 혈액 속에 포도당(혈당)이 약 70mg/dl 이하로 떨어질 때부터 공복감을 느끼게 됩니다. 장기간 탄수화물이 공급되지 않게 되면 혈액에 있던 포도당이 다 소모되고, 그 다음 비상시를 위하여 간에 소량 저장되어 있던 글리코겐이 포도당으로 분해되어 에너지원으로 사용됩니다. 그러나 그 양 또한 작기 때문에 바로 소모되고 그 후에는 체지방을 연소하여 에너지를 얻게 되지만, 연소과정에서 케톤이라는 재를 남기게 되면서 몸에 나쁜 영향을 주게 되지요. 이렇게 저장된 지방마저 다 사용하게 되면, 근육 등 단백질을 분해하여 포도당을 만들어 냅니다. 그러나 이런 현상은 자기 소화 현상이라고 하며. 이 기간이 오래되면 근육, 심장 신장 등의 주요기관에 있는 근육단백질까지 소모되면서 점점 생존능력을 잃게 되지요. 반대로 탄수화물이 많이 공급되어 에너지로 사용되고 남게 되면, 그 에너지는 지방으로 변화되어 체지방으로 쌓이게 되어 비만과 각종 성인병 질환을 초래하게 되므로 많은 양의 섭취는 주의하여야 합니다.

　탄수화물의 일일 섭취 권장량은 정해져 있지 않습니다. 다만 포도당만을 에너지원으로 사용하는 조직들을 위하여 하루 최소한 50~100g 정도의 탄수화물을 섭취해야 합니다. 주로 쌀, 보리, 밀, 옥수수, 밤, 사탕수수 등과 같은 작황 작물 등과 그러한 작물로 만든 가공식품류 밀가루, 국수, 빵, 떡, 설탕 등의 성분이 탄수화물입니다. 또한 야채류, 과일류에도 탄수화물이 포함되어 있습니다. 예전부터 곡류 위주의 우리나라 식사에서는 비교적 용이하게 밥, 국수, 떡 등 주식을 통하여 탄수화물을 섭취하였습니다. 최근에 식품가공산업의 발달로 인해 도정한 곡류나 단순당류 식품들이 범람하고 있습니다. 이러한 단당류의 섭취량이 증가하게 되면, 소화속도가 빨라지고, 그만큼 에너지로의 전환이 증가하게 됩니다.

2. 고효율 칼로리, 지방

　현대인의 식생활에서 공공의 적으로 지방을 꼽고

있지만, 뭐니 뭐니 해도 지방은 우리 몸에 가장 효과적이며 효율적인 에너지 공급원이지요. 사람을 비롯한 고등 동물의 경우 진화 과정에서 식품으로부터의 에너지 공급이 제한되는 때를 대비하여 체내에 보다 효과적으로 에너지를 공급하고 효율적으로 저축하는 방안을 고안해 냈습니다. 우선 지방은 우리 몸에서 에너지를 낼 수 있는 능력이 1g당 9kcal로, 당질이나 단백질의 열량보다 많습니다. 즉, 적은 양으로도 에너지 공급이 훨씬 많다는 의미입니다. 어디 그뿐인가요? 사용하고 남은 에너지를 저장할 때에도 당질의 경우 글리코겐으로 저장될 때 물과 함께 저장되어 글리코겐 1g당 4kcal의 열량이 저장되는 반면, 지방이 저장되는 경우 1g당 8kcal의 열량을 보유할 수 있습니다. 아주 효과적인 에너지 저축 형태가 됩니다. 좀 더 이해를 돕기 위해 예를 들어볼까요? 성인의 경우 하루 필요 칼로리가 2400kcal입니다. 만약 10일간 필요로 하는 칼로리를 모두 글리코겐으로 저장한다면 6kg이 저장되어야 하며, 글리코겐이 저장되어 있는 간의 무게가 100kg이어야 하는 불가능한 양이 됩니다. 반면, 지방 조직으로 저장할 경우에는 3.2kg의 지방 조직이 필요하고 체내 곳곳에 분산하여 저장될 수 있으므로 이 방법이 매우 효율적임을 알 수 있습니다. 뿐만 아니라 여성에게 적당한 지방은 여성성을 유지하고 임신 중 아이에게 좋은 영양공급원 역할을 함으로써 종족 보존의 사명을 다하기 위한 필수 성분이기도 합니다.

이렇게 지방은 효율적인 에너지 공급원이지만, 먹을거리가 풍부해진 현대인에게 에너지 저장고로서의 지방의 기능은 백해무익한 존재로 인식되면서, 오히려 과잉 섭취를 경계해야 할 영양소입니다. 현대인의 지방 섭취량은 수렵과 농경시대에 비해 4배 이상 증가하였다고 합니다. 식품가공산업과 외식산업은 지방의 고소하고 바삭한 맛으로 음식의 소비를 유도합니다. 마블링(소고기의 근내지방)이 촘촘히 박힌 부드러운 꽃등심, 삼겹살, 차돌박이, 커피크림에 함유된 팜유, 비스킷, 도넛, 튀김류에 있는 트랜스지방산의 아삭한 맛, 버터의 고소한 맛 등 지방의 맛에 한번 빠지면 헤어나기 힘들어집니다. 과잉으로 섭취한 지방은 몸 안에서 지방조직에 축적되어 비만을 초래하며, 더 큰 문제는 포화지방산, 즉 동물성 식품에 포함되거나 팜유, 코코넛유 등으로 가공된 식품을 통해 섭취되는 포화지방산과 트랜스 지방산 그리고 산패된 기름의 섭취 등이 건강에 가장 큰 적이 될 수 있으므로 이제는 지방식품을 골라 먹어야 하겠습니다. 현대인에게 지방은 주요 에너지 공급원이기보다는, 우리 몸에 필수 성분으로 공급되어야 하며, 그 양은 매일 식물성 기름으로 3~4 찻숟가락 정도의 섭취면 충분합니다.

3. 비상시 칼로리, 단백질

단백질은 우리 몸에서 오직 단백질만이 할 수 있는 체조직의 구성, 그리고 효소, 호르몬, 항체 등의 합성을 위해 우선적으로 사용됩니다. 그러나 만약 다른 열량 영양소인 탄수화물, 지방이 인체가 필요로 하는 만큼의 칼로리를 충분히 공급하지 못하게 되면, 단백질은 신체를 구성하는 역할을 포기하고, 칼로리를 공급하는 데 사용됩니다. 그러나 이 현상이 지속하게 되면, 단백질은 우리 몸을 구성하는 체세포 및 필수 성분을 만드는 재료로 우선 사용되어야 하는데, 열량으로 사용되게 되면서 몸의 구성분으로의 단백질 합성이 저하되어, 몸에서는 피부의 탄성이 저하되고, 면역기능이 저하되며, 빈혈 등 단백질 결핍현상이 나타나게 됩니다. 뿐만 아니라 체내에서 단백질이 칼로리로 대사되면, 대사 후 요소 등의 노폐물이 생기게 됩니다. 이러한 노폐물이 우리 몸에 쌓이면 위험하므로 간에서 요소로 만들어 신장을 통해 배출하게 됩니다. 단백질로부터 에너지 이용이 많아지게 되면 결국 간과 신장에 과중한 부담을 주게 됩니다. 보다 실용적인 예를 들어볼까요? 단백질 식품은 탄수화물 및 지방 식품에 비해 일반적으로 값이 비싸므로 단백질 식품을 주된 에너지원으로 사용하는 것은 비경제적일 수 있습니다. 뿐만 아니라 필요 이상으로 많은 단백질을 섭취하면 어떤 현상이 일어날까요? 우리 신체에 필요한 단백질 합성에 사용되거나 아미노산 저장고가 채워진 후에도 남는 단백질은 체내에서 지방으로 전환되어 지방조직에 축적됩니다. 단백질은 육류, 계란노른자, 우유, 생선, 치즈 등의 동물성 식품이나 맥주효모, 견과류, 콩류, 곡류의 배아 식품 등 식물성 식품에 모두에 골고루 들어 있습니다. 단백질식품에는 포화지방산도 함께 함유되어 있어, 단백질의 과잉 섭취는 포화지방산의 과잉섭취도 동반되므로 주의가 필요합니다. 예를 들어 소고기는 단백질의 우수한 급원이지만 고기에 포함된 지방(마블링)을 동시에 먹게 되므로 포화지방산의 섭취가 동반되면서 칼로리가 많아집니다. 따라서 소고기나 돼지고기는 가능한 지방이 적은 살코기를 선택하고, 비교적 포화지방이 적은 닭고기, 생선 등으로 섭취하는 것이 좋은 방법입니다. 또한 우유나 유제품을 즐겨 먹는다면 전유보다는 무지방이나 저지방 제품을 선택하면 좋겠습니다.

4. 술살의 주범, 알코올

알코올 1g당 7kcal의 열량을 냅니다, 이는 탄수화물(4kcal/g), 단백질(4kcal/g)에 비해 높은 열량을 가진 고열량의 에너지원이지요. 알코올은 탄수화물, 단백질, 지방과 같은 에너지원과는 다르게 인체에 저장되지는 않습니다. 즉 알코올이 직접적으로 체지방을 증가시키는 원인은 아닐 수 있습니다. 그러나 알코올은 다른 영양소에 우선하여 에너지원으로 사용됩니다. 그로 인해 다른 열량영양소에서 나온 열량은 잉여 에너지가 되어 결국은 지방으로 전환되어 저장되게 됩니다. 반면 지속적으로 과음을 하면 알코올 대사 과정에서 오히려 발열 반응이 더욱 증가하게 되지요. 즉, 과량의 알코올은 에너지 소비를 촉진시키기 때문에 오히려 체중이 줄어들 수도 있습니다. 알코올 중독자 중에는 마른 사람이 많다는 것도 이런 점으로 설명할 수 있겠습니다. 다른 음식은 먹지 않고 술만 마신다는 매우 무모한 '술 다이어트'도 알코올의 이런 작용을 이용한 것이지요. 반면 중등도의 알코올 섭취, 즉 적당하게 술을 마시면 식욕이 촉진되는 효과가 있습니다. 왜냐하면 알코올이 식욕을 증가시키는 신경전달물질을 자극하여 음식에 대한 욕구를 증가시키게 됩니다. 특히 지방을 함께 섭취했을 때는 식욕 증가 효과가 더욱 강하기 때문에 주의해야 합니다. 따라서 술을 마시게 되면 술 자체의 열량뿐만 아니라 안주로 먹는 음식의 열량이 더하게 되

술 종류별 열량 (단위: 1잔) |

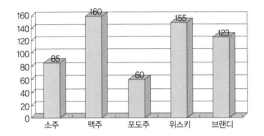

어 열량이 과잉 섭취되게 되지요. 게다가 대부분 늦게
까지 술과 안주를 먹게 되고, 바로 잠자리에 들게 되면
서, 복부비만의 악순환을 벗어날 수가 없게 됩니다.

5. 너무 과한 열량, 그러나 너무 적은 영양, Empty
　칼로리 식품

식품은 열량 영양소 외에도 함량의 차이는 있지만
무기질, 비타민, 섬유소 등 우리 몸에 필요한 영양소들
을 함유하고 있습니다. 그러나 식품가공 과정에서 이
런 영양소들이 제거되고, 에너지만 공급하는 설탕이나

지방만 함유한 식품들이 만들어집니다. 이런 식품들은 몸에 유익한 영양소는 비어있고 열량만 남았다 하여 엠티 칼로리(Empty calories or Junk foods)라고 말합니다. 이러한 식품을 먹게 되면 소화와 대사과정에서 필요한 효소와 비타민, 미네랄을 인체 내에 저장된 것에서 빼앗아 와야합니다. 우리 몸에 필요한 영양소를 주지는 못하면서 오히려 고갈시키는 상황이 되는 것이지요. 따라서 이러한 식품을 많이 먹게 되면, 필수 영양소의 결핍을 초래하여 질병에 대한 저항력은 떨어지고 노화가 촉진되며 전반적으로 생리적, 정신적 활동이 장애를 받을 수도 있습니다. 설탕, 술(알코올), 식용유, 흰 쌀, 흰 밀가루 등이 대표적인 '엠티 칼로리' 식품에 속합니다.

우리나라 사람들은 꿀을 귀한 식품으로 여겨왔지만, 이는 꿀 자체가 갖는 영양 생리적 작용보다는 에너지 궁핍 시대에 생명을 유지하는 에너지 덩어리였기 때문이랍니다. 지금은 그때와 달리 오히려 에너지 공급이 풍족한 시대이므로 꿀 또한 열량만 공급하는 엠티 칼로리 식품으로 간주될 수 있습니다. 최근에 언론에서도 이러한 엠티 칼로리 식품의 폐해에 대한 연구 보고가 보도된 적이 있었습니다. 정신건강 또한 먹는 음식의 영향도 받을 수 있으며, 영양소가 불균형한 정크 푸드나 정제당을 많이 사용한 인스턴트식품을 많이 먹으면 우울증에 걸리거나 공격 성향이 나타날 수도 있다고 합니다.

엑릭 부르너 UCL대학 박사팀은 튀긴 음식, 가공육, 당분이 많이 포함된 간식, 고지방 유제품 등 영양소가 불균형한 정크푸드를 많이 먹으면 우울증에 걸릴 가능성이 높다는 연구결과를 지난해 '영국정신의학저널'에 발표한 바 있습니다. 연구팀이 성인 3486명의 식사습관을 5년간 조사한 결과 정크푸드를 많이 먹은 사람은 과일, 채소, 생선 등을 좋아한 사람보다 우울증 비율이 58% 높은 것으로 나타났다고 합니다. 이에 대해 연구팀은 정크푸드에 포함된 식품첨가물이 뇌의 생화학 반응을 교란시키거나 뇌세포에 손상을 입히기 때문이라고 분석하였습니다. 반면 시금치, 콩, 브로콜리 등의 채소와 과일에 들어있는 비타민, 엽산 등 항산화 물질, 생선에 포함된 불포화 지방산은 우울증 예방효과가 있었다고 하였습니다. 또한 청소년기에 인스턴트식품이나 정크푸드를 자주 먹으면 주의력 결핍, 과잉행동장애(ADHD)가 생기거나 공격성이 강해질 수 있다는 주장도 있습니다.

김윤정 고대안암병원 내분비과 교수는 "인스턴트식품에 많이 쓰는 정제당은 흡수가 빨라 혈당수치가 급격히 상승하는데, 그러면 인체는 혈당을 떨어뜨리기 위해 인슐린 분비량을 과도하게 늘려 결과적으로 저혈당 상태를 유발할 수 있다"라고 하면서 "이처럼 정제당 섭취에 따른 저혈당 증상이 반복되면 주의력이 떨어지고, 아드레날린 분비량이 늘어나서 성격이 공격적으로 변한다. 이는 사람이 배고플 때 신경질적으로 변하는 것도 아드레날린의 영향과 같은 효과이다"라고 설명하였습니다.

현대의 식품산업이 많은 사람들에게 필요한 에너지를 편리하게 제공해 주는 문명의 혜택을 주고 있지만, 인간은 에너지만으로 살 수 있는 것이 아니므로 그로 인한 건강상의 대가가 너무 막대하다는 데 문제의 심각성이 있다고 할 수 있겠죠.

6. 제로, 저칼로리 감미료

Empty 칼로리 식품이 비만의 적으로 지탄을 받고, 사회적으로 외면당하지, 식품 회사들은 열량덩어리 설탕을 대신하여 단맛은 내면서 칼로리가 적게 나가는 성분들을 개발하게 됩니다. 이러한 감미료로는 천연감미료로 알려진 '스테비아'가 있는데 이 제품은 나무에서 추출한 것으로 설탕보다 수백 배 달다고 합니다. 일본이나 브라질에서는 안전한 첨가물로 허용하고 있는 반면 미국이나 캐나다에서는 아직 안정성 문제로 사용이 허용되고 있지 않습니다. 반면 '수크랄로스' '아스파탐' '아세설팜 칼륨' '사카린' 등은 대표적인 인공 감미료 제품입니다. 이 성분들의 g당 칼로리는 설탕과 비슷하지만 단맛은 설탕보다 200~300배 강해, 몇 백분의 1만 넣어도 설탕과 비슷한 단 맛을 내게 되지요. 보통 콜라 한 캔에는 1g당 4kcal인 설탕이 30~40g 들어가므로 총 칼로리가 120~160kcal가 되지만, 아스파탐(역시 1g당 4kcal)을 쓰면 0.1~0.2g만 넣어도 되므로 총 칼로리는 0.4~0.8kcal로 크게 줄어드는 효과를 볼 수 있습니다. 그러면 과연 이 식품을 먹으면 열량이 적게 나와 체중이 감소될 수 있을까요? 미국 퍼듀대 연구팀은 인간과 유사한 구조를 가진 실험용 쥐들에게 한 그룹은 일반 설탕이 든 요구르트를 먹게 하고 다른 그룹은 사카린을 넣어 저칼로리로 만든 요구르트를 먹게 했더니 일정 기간이 지난 후 저칼로리 요구르트를 먹은 쥐 집단은 그렇지 않은 집단에 비해 평균 몸무게가 5g이 더 많이 나갔고 체지방 또한 더욱 많아졌다는 연구 결과를 '행동신경과학저널'에 발표한 바 있습니다. 연구팀은 인공감미료를 먹으면 단맛은 느끼는데 막상 단맛을 인지한 만큼의 칼로리는 들어오지 않아 우리 몸 속 소화 시스템이 혼란을 일으키게 되고, 몸이 평소보다 더 많은 음식을 요구하게 되고, 또한 소화 대사율도 떨어져 체지방이 더 증가하게 된다고 설명했습니다. 지난 수십 년 동안 천연이든 인공이든 감미료의 판매량은 기하급수적으로 증가하였고, 비만율 또한 증가하였습니다. 감미료가 설탕을 대체하는 효과는 있으나 현대인의 체중조절 문제에 대한 정확한 답은 아닐 수 있다는 뜻 아닐까요?

Chapter 04

칼로리 통장! 공급과 지출 사이

은행 통장의 잔고는 많을수록 좋지만, 체내에 칼로리 통장의 출납은 균형을 이루어야 합니다. 우리 몸의 칼로리 균형을 수식으로 표현하면 다음과 같습니다.

음식섭취칼로리=신체활동 칼로리+신진대사(기초대사) 칼로리

체내에서 칼로리가 공급과 지출 사이에서 균형 상태에 이르게 되면, 성장이 멈춘 성인의 경우 체중을 일정하게 유지하게 됩니다. 그러나 지속적으로 칼로리

공급량이 지출량보다 적을 때는 칼로리 통장은 마이너스가 되고, 필요한 에너지는 인체 내 지방과 단백질이 분해되어 사용되면서 체중이 감소하게 되지요. 이러한 상태가 지속되면 전반적으로 영양상태가 나빠지며, 면역력이 떨어져 질병, 상해, 수술로부터의 회복이 지연되고, 특히 어린이의 경우는 신체적, 지적 성장이 느려지며 그 영향이 영구적일 수도 있어 위험할 수 있습니다. 반대로 공급량이 지출량보다 많을 때는 칼로리 통장이 플러스가 되고, 남아 있는 칼로리는 지방으로 변하여 몸에 축적되고 결국은 체중이 증가하게 되지요. 결론적으로 건강한 체중으로 일정하게 유지하고 있다면 칼로리의 공급과 지출의 균형이 맞는다는 것이고, 우리 몸의 신진대사나 호르몬 조절이 원활하게 이루어지고 있다는 것으로 건강한 상태라고 볼 수 있습니다. 그렇다면 건강한 체중을 유지하기 위한 칼로리 공급 방법을 알아보도록 할까요?

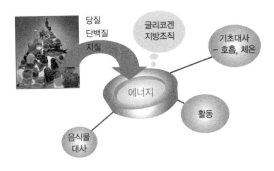

1. 건강 체중을 위한 칼로리 공급량 계산하기

건강 체중을 유지하기 위해서는 먼저 칼로리 지출량, 즉 에너지 필요량을 기준으로 칼로리 공급량이 결정되어야 합니다. 에너지 필요량은 자신의 건강 체중을 기본으로 활동량을 토대로 산출하는 방식이 가장 보편적으로 사용되는 방법입니다.

아래와 같은 단계로 자신의 일일 에너지 필요량을 계산해 보시기 바랍니다.

1단계: 표준체중 구하기

나에게 필요한 열량을 계산하기 위해 가장 기본이 되는 요건은 체중입니다. 왜냐하면 에너지 균형의 결과가 궁극적으로 일정한 체중 유지에 있으니깐요. 일상생활에서 건강을 유지하는 가장 알맞은 체중을 표준체중 혹은 이상체중이라고 합니다. 표준체중은 키에 따라 다르며 다음과 같은 두 가지 방법을 통하여 계산할 수 있습니다. 공식은 달라도 산출되어지는 표준체중은 비슷비슷하답니다.

방법 1   표준체중(kg)=[자신의 현재 키(cm)-100]×0.9
방법 2   표준체중(kg)= 남자: 키(m)×키(m)×22
　　　　　　　　　　　　여자: 키(m)×키(m)×21

2단계: 비만도 평가하기

위에서 계산된 나의 표준체중을 실제 체중(현재 체중)과 비교하면 나의 현재 체중이 부족한지, 정상인지, 과한지의 여부를 비만도(%)를 통하여 평가할 수 있습니다. 비만도가 85% 정도이면 저체중, 85~105%이면 정상체중, 106~115%이면 과체중, 116~135% 약간 비만, 135% 이상이면 심한 비만을 나타냅니다. 비만과 저체중 모두 좋지 않습니다. 또 다른 방법으로 현재 체중을 키(m)의 제곱으로 곱하여 나온 수치로 나누어 얻은 체질량 지수(Body Mass Index)로도 체중의 상태를 평가할 수 있습니다. BMI가 18.5 이하일 때 저체중, BMI 18.5~23일 때는 정상이며 23~25이면 과체중, BMI 25 이상이면 비만으로 판정되지요.

방법 1 비만도(%)=(현재체중÷표준체중)×100

방법 2 체질량 지수(BMI)=현재 체중(kg)/키(m)×키(m)

3단계: 활동량 계산하기

사람마다 활동량이 다르지요. 활동량이 많은 사람은 활동에 소비되는 에너지 요구량이 많고 활동량이 적은 사람은 활동에너지 요구량이 적습니다. 신체활동의 에너지는 1일 총 필요 열량을 결정하는 데 중요한 인자가 되는데 활동의 강도와 활동양에 따라서 체중당 필요한 열량이 달라집니다. 가벼운 활동정도는 대부분

의 시간을 앉아서 하는 정적 활동으로 보낼 때를 의미
하며 중등도 활동정도는 주로 앉아서 보내지만 가사일
이나 가벼운 운동 등의 활동정도를 할 때이고 심한 활
동정도는 주로 서서 하는 작업이나 활발한 움직임이
있는 운동 등의 활동을 의미합니다. 당신의 활동량은
어느 정도이십니까? 가장 많이 시간을 소비하는 주된
활동으로 판단하시면 됩니다.

활동 정도	활동정도 예
가벼운 활동정도	앉아서 하는 일, 사무직일, 타이핑치기 등
중정도 활동정도	보통 속도로 걷기, 빨래, 청소, 아이보기, 경공업, 가사노동, 어부일
심한 활동정도	등산, 무거운 짐운반, 빠르게 달리기, 농사일, 광산일, 운동선수, 철강공일

4단계: 일일 필요한 칼로리 계산하기

키와 체중을 통하여 현재 체중의 비만도를 평가하
고 활동정도에 따른 에너지 소모량을 곱하여 1일 총
필요열량을 구하게 됩니다.

비만도와 활동량에 따른 적정 열량 |

활동 정도	저체중(kg당)	정상(kg당)	비만(kg당)
가벼운 활동정도	35kcal	30kcal	20~25kcal
중정도 활동정도	40kcal	35kcal	30kcal
심한 활동정도	45kcal	40kcal	35kcal

 현재 체중이 정상인 경우 활동정도에 따른 1일 총 필요열량

- 가벼운 활동을 한다면   표준체중×30kcal
- 중등도 활동을 한다면   표준체중×35kcal
- 심한 활동을 한다면   표준체중×40kcal

Q) 키 168cm, 체중 75kg, 중정도 활동의 남자의 경우 1일 총 필요열량은?

  * 표준체중: (168cm-100)×0.9=61.2kg

  * 비만도: (75kg÷61.2kg)×100=122.5%로 약간 비만하다.

A) 1일 총 필요열량은 ?

  표준체중(kg)×활동량에 따른 열량(kcal/kg)이므로
  61.2×30= 약 1,800kcal

2. 황금 비율로 칼로리 공급하기

아래에서와 같이 건강 체중 유지에 필요한 1일 총 필요 칼로리가 산출되면, 이 열량의 범위 내에서 에너지를 공급하여 주는 열량 영양소인 탄수화물, 단백질, 지방의 공급 비율을 결정합니다. 3대 영양소의 공급 비율에 따라 건강과 가정 경제의 중요한 식품 구입 비용에 영향을 줄 수 있습니다. 심장질환이나 암, 당뇨 등 건강 문제를 앓고 있는 미국의 경우 총 열량의 42%를 지방에서 12%를 단백질에서 46%를 탄수화물에서 섭취하고 있는 것으로 조사된 바 있습니다. 따라서 최근 미국은 지방을 30%(그 중 포화지방은 10%), 단백질은 12%, 당질은 58% (이 중 48%는 복합당질로 섭취)의 비율로 섭취하도록 식사 지침을 제시하고 있습니다. 우리나라에서는 가장 이용율이 좋고, 경제적인 탄수화물 (곡류, 과일, 야채류)를 총 칼로리의 55~60%, 단백질은 15~20%, 지질은 20~25%의 비율로 섭취하는 것이 가장 바람직한 황금비율로 권장하고 있습니다.

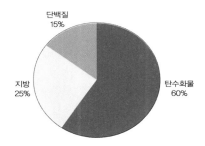

이제 산출된 칼로리와 3대 영양소의 비율대로 식품으로 먹는 양을 선택하여 먹도록 합니다. 그러나 일상에서 일일이 영양소의 비율을 계산하면서 식품을 선택하여 섭취하는 것은 거의 불가능에 가깝습니다. 게다가 식품을 통해서 열량뿐만 아니라 필수 영양소까지 섭취하여야 하므로 식품 선택의 폭은 넓어지고 더 어려워집니다. 그렇다고 입맛대로, 습관대로, 좋아하는 음식만 먹는다면 어떻게 될까요? 어떤 음식을 선택하여 어떻게, 언제 섭취하는가에 따라 열량과 영양소의 공급 패턴이 달라지고 건강의 기초가 달라질 수 있습니다. 애석하게도 이 세상에 인간에게 필요한 영양소를 모두 갖추고 있는 기적의 식품은 없습니다.

그렇다고 필요한 영양소를 약처럼 만들어 먹는다면 그 약은 너무 커서 한 번에 먹을 수도 없거니와 인간의 삶은 참 단조롭고 재미없을 것입니다. 우리가 살기 위해서도 먹지만, 맛있게 먹는 즐거움도 포기할 수 없으니까요. 그렇다면 어떻게 매일 필요한 영양소를 골고루 다 공급할 수 있을까요? 그리고 얼만큼 먹어야 할까요? 우리가 늘 섭취하는 식품마다 포함되어 있는 영양소의 종류나 함량이 다르고, 또 먹는 양에 따라서도 달라질 수 있으므로 매일 먹는 식품의 양과 열량, 영양소 양을 계산하여 먹는다는 것은 거의 불가능한 일입니다. 이에 대한 해답으로 영양 전문가들이 고안한 고른 영양이 함유된 식사를 실천하는 방법을 소개해 드리겠습니다.

(1) 다양하게 먹기

식품이 가지고 있는 영양소의 구성이 비슷한 것끼리 묶을 수 있는데, 보통 여섯 가지로 분류되며 이 분류된 식품군을 기초 식품군이라고 합니다. 각 기초 식품군별로 주요 함유 영양소와 식품의 종류는 다릅니다. 따라서 각 기초 식품군에 있는 식품들을 매일 빠짐없이 섭취하도록 하여야 합니다. 우선 각 식품군별로 어떤 특성이 있는지 알아봅시다.

곡류 및 전분류   우리 몸에 최우선 에너지원인 탄수화물을 가장 많이 함유하고 있는 식품군으로 우리나라에서는 주식으로 섭취하고 있습니다. 그러나 최근 식품 가공의 발달로 인해 곡류의 껍질과 씨눈에 주로 있는 비타민, 미네랄, 단백질, 필수지방, 섬유소 등 중요한 영양성분이 제거된 흰 쌀밥과 흰 밀가루로 섭취하면 오히려 과식을 초래하여 칼로리의 섭취를 증가시켜 주의가 필요합니다. 가급적 현미나 보리, 율무, 팥 등을 적당히 섞어 먹는 것이 탄수화물 외의 다른 영양소를 동시에 섭취하는 효과가 있습니다. 특히 도정하지 않는 곡류 외피에 있는 섬유소는 음식의 부피감으로 포만감을 주게 되어 과잉 섭취를 방지하는 효과와 더불어 몸에서도 포도당을 천천히 흡수시키는 효과로 비만을 예방하여 줍니다. 또한 곡류는 상당량의 단백질도 함유하고 있어 단백질의 공급원으로서도 무시할 수 없습니다.

채소 및 과일류   채소류는 칼로리가 비교적 적은 식
품이면서 우리 몸의 윤활유인 비타민과 무기질의 함량
이 높으며, 특히 항산화작용, 항암작용 등 건강 영양소
로 주목을 받고 있는 피토케미컬과 식이섬유소의 주요
급원입니다. 과일의 경우 비타민, 무기질, 피토케미컬
뿐만 아니라 탄수화물의 함유량 또한 높으므로 비만하
거나 당 조절을 하여야 하는 경우에는 섭취량의 조절
이 필요합니다.

어육류 및 달걀 및 콩류   신체를 구성하고 우리 몸에
서 조절 작용을 하는 성분의 구성물질인 단백질의 주
요 공급식품입니다. 식물성 식품과 동물성 식품을 1:2
정도로 섭취하는 것이 바람직합니다. 특히 소고기나
돼지고기는 필수 아미노산이 풍부한 완전단백질 식품
이지만 포화지방산의 함유량도 높기 때문에 매일 섭취
는 하되 섭취 식품 및 섭취량의 조절이 필요합니다. 닭
가슴살, 생선, 두부 등과 함께 다양하게 먹는 것을 권

장합니다.

우유, 유제품 및 멸치류　　　이 식품군은 주로 칼슘 함량
이 높은 식품군입니다. 우유는 탄수화물, 단백질, 지방
을 골고루 함유하고 있는 완전식품이며, 특히 질 좋은
단백질 급원식품이지만 이렇게 별도로 분류한 이유는
우유에 함유되어 있는 칼슘 성분 때문입니다. 우리 몸
의 골격과 치아의 구성 원소로 존재하는 칼슘을 함유
하고 있는 식품이 자연계에서 제한적으로 존재하기 때
문에 칼슘 급원 식품군으로 별도로 분류하였습니다.
따라서 특히 성장기 아동, 여성들은 이 식품류들을 매
일 꾸준히 섭취해야 합니다.

유지, 견과류 및 당류　　　이 식품군은 식물성 기름, 견과
류와 같이 우리 몸의 구성 성분이 되는 필수지방산의
급원 식품도 있지만, 버터나, 마가린, 마요네즈와 같이
우리 건강에 위해한 포화지방산을 함유한 식품도 있습
니다. 따라서 가급적 식물성 기름으로 섭취하도록 합
니다. 이외에 설탕과 같은 단순 당질류도 있는데, 주로

기호 차원에서 많이 섭취되면서 열량을 과잉으로 공급하고 비만, 당뇨 등 각종 만성퇴행성 질환의 원인으로 지목되는 만큼 섭취를 자제하여야 하겠습니다.

기초 식품군 |

기초식품군	주요 함유 영양소	주요 역할	식품 종류
곡류 및 전분류	탄수화물 및 단백질 약간, 섬유소	에너지원	밥류, 국수류, 빵류, 떡류, 감자, 고구마, 밤, 옥수수류
채소류	비타민과 무기질, 피토케미컬,섬유소	생리 조절 작용	시금치, 호박, 오이, 당근, 양상치, 해조류, 양파 등
어육류 및 달걀	단백질과 포화지방	구성 성분, 에너지원	소고기, 닭고기, 돼지고기, 각종 생선류, 콩류, 육가공품류
우유 및 유제품	단백질과 칼슘	칼슘 공급원, 에너지원	우유, 치즈, 아이스크림, 요쿠르트, 멸치
유지 및 당류	지방 및 단순당류	구성 성분 or 에너지원	대두유, 참기름, 들기름, 잣, 마가린, 버터, 마요네즈, 설탕, 탄산음료 등
과일류	비타민, 무기질, 피토케미컬, 섬유소	생리 조절 작용	사과, 귤, 배, 딸기, 포도 등

(2) 필요한 양만큼 먹기

균형식이라고 각 식품군별로 다양하게만 먹으면 되는 걸까요? 그 대답은 "아니요"입니다. 왜냐하면 위의 영양섭취 기준에서도 보았듯이 개인의 연령, 성별, 활동량, 질환의 유무 등에 따라 필요한 영양소의 양이 다르며, 식품의 양에 따라 공급되는 영양소의 양이 다르기 때문이지요. 예를 들어 밥 100g을 먹으면, 100kcal의 열량을 얻을 수 있다면, 200g을 먹으면 200kcal의 열량을 얻게 되지요. 우리가 먹는 식품은 순수한 물 외에 칼로리가 발생하고 이렇게 하루 종일 먹는 식품에서 나오는 총 칼로리의 합이 결국 우리 몸에 공급되는 에너지가 됩니다.

최근에 여러 매체를 통해 좋은 식품과 음식에 대한 정보는 넘쳐나지만 어느 정도를 먹어야 하는지에 대한 정보는 없습니다. 약에 적정 복용량이 있듯이 음식 또한 적절한 섭취량이 있습니다. 따라서 각 식품군별로 가장 이상적으로 열량과 영양소를 공급받을 수 있는 적정량이 있음을 기억하시고 가급적 그 양을 초과하지 않도록 하는 것이 좋습니다. 결론적으로 6가지 기초

식품군을 종류별로 섭취하되, 몸에 맞는 열량과 영양소가 공급되도록 필요한 양 만큼만 먹어야 합니다.

　보통 한국인 일일평균 필요 열량은 성인을 기준으로 남자는 2,400~2,600kcal, 여자는 1,900~2,100kcal로 제시되고 있습니다. 하지만 이것은 중등도 이상의 활동을 하는 사람을 기준으로 한 것이기 때문에 활동량이 적은 직장인의 경우에는 남자는 2,000~2,200kcal, 여자는 1,800~2,000kcal 정도로 섭취하는 것이 적정합니다.

　성인의 경우 기초식품군을 이용하여 일일 섭취 기준량을 충족시키는 방법은 다음과 같습니다. 곡류 및 전분류 식품군에서 밥을 210g~280g으로 3끼 섭취하고 감자, 고구마 등으로 1/2~1개 정도의 간식으로 섭취하고, 과일, 채소 식품군에서는 채소의 경우 가급적 다양한 종류로 많이 섭취하되, 과일류는 매일 다른 종류로 하여 1회 정도로 섭취하도록 합니다. 단백질 공급을 위해서는 고기, 생선, 계란, 콩류 식품군에서 매끼 1~2종류씩으로 아래 표에 제시된 양으로 섭취합니다. 우유나 유제품 식품군에서는 매일 간식으로 우유 혹은 두유로 1잔씩 섭취하도록 합니다. 마지막으로 유지, 견과류, 당류 식품군에서는 필수지방산의 섭취를 위해 조리에 식물성 기름으로 3작은 술과 견과류 약간을 섭취하시면 되겠습니다.

아래 표에 사무직 성인 남자와 여자의 일일 권장 섭취량을 각 식품군별로 제시하였습니다. 일상에서 음식 먹을 때 또는 식품을 선택할 때 참고하시기 바랍니다.

성인 여성의 1800kcal 기초식품군별 섭취량 |

식 품 군	1회 섭취량	하루 섭취량
곡류군	밥 1공기 (210g)	• 매끼 밥 1공기(210g)를 드세요. • 식빵 3쪽 혹은 삶은 국수 1.5공기(270g)와 바꿔 드실 수 있어요.
어육류군	육류 1접시 or 생선 1토막	• 매끼 1~2가지의 육류 찬을 드십시오. • 살코기 4~5점. 생선1토막, 계란1개. 두부 1/6모 등은 동일 식품군이 므로 서로 바꿔 드실 수 있어요. 예) 아침에 계란찜 1개, 점심에 불고기 8~10점. 저녁에 생선 2토막

채소군	1접시	• 매끼 다양한 채소군을 선택하여 드세요. 단 칼로리 제한이 필요하면 설탕, 기름, 등의 양념류 사용은 과잉으로 사용되지 않도록 주의하십시오. • 김치를 포함하며 나물이나 생채로 충분히 드세요.
지방군	1작은술	• 매끼 1작은술 정도 사용하면 됩니다. • 기름 1작은술은 버터, 마가린, 마요네즈 1.5스푼과 같아요.
우유군	1컵	• 매일 1회 간식으로 드세요. • 우유 1개(200ml)와 두유 1개(200ml)는 서로 바꿔 드실 수 있어요.
과일군	귤(중) 1개 or 사과 1/3개	• 식사 후 1~2시간에 간식으로 드시고, 2회 정도 드세요. • 사과 1/3개=배 1/4개=단감 1/2개=귤 1개=토마토(대) 1개=무가당주스 1/2컵(100ml)=토마토주스 1컵(200ml)은 서로 바꿔 드실 수 있어요.

성인 남성의 2,200kcal 기초식품군별 섭취량 |

식 품 군	1회 섭취량	하루 섭취량
곡류군	밥 1공기 (210g)	• 식빵 3쪽 또는 삶은 국수 1.5공기(270g)와 바꿔 드실 수 있어요. • 매끼 밥 1공기와 감자, 옥수수, 떡 등 곡류 식품을 간식 1~2회 드셔도 됩니다.

어육류군	육류 1접시 or 생선 1토막	• 매끼 2–3회 섭취량을 드세요. • 살코기 4~5점, 생선 1토막, 계란 1개. 두부 1/6모 등은 동일 식품군이므로 서로 바꿔 드실 수 있어요. 예) 아침에 계란찜 1개+두부 80g, 점심에 불고기 120g(1/2인분), 저녁에 생선 1토막
채소군	1접시	• 매끼 다양한 채소로 선택하여 드세요. 단 칼로리 제한이 필요하면 설탕, 기름 등의 양념류 사용은 과하지 않도록 주의하십시오. • 김치를 포함하며 나물이나 생채로 충분히 드세요.
지방군	1작은술	• 매끼 1.3작은술 정도 사용하면 됩니다. • 기름 1작은술은 버터, 마가린, 마요네즈 1.5스푼과 같아요
우유군	1컵	• 매일 1회 간식으로 드세요. • 우유 1개(200ml)와 두유 1개(200ml)는 서로 바꿔 드실 수 있어요.
과일군	귤(중)1개 or 사과1/3개	• 식사 후 1~2시간에 간식으로 드시고, 2회 정도 드세요. • 사과 1/3개=배 1/4개=단감 1/2개=귤 1개=토마토(대) 1개=무가당주스 1/2컵(100ml)=토마토주스 1컵(200ml)은 서로 바꿔 드실 수 있어요.

식품 구성탑이란 기초 식품군별로 각 식품군이 차지하는 중요성을 일반인들이 쉽게 이해할 수 있도록 그림으로 표시한 것입니다. 5층의 탑에 5가지 식품군의 위치를 중요도에 따라 정해 놓았습니다. 즉, 각 식품군이 배치된 층의 크기와 위치는 실제 식생활에서 차지하는 중요성과 양을 개념적으로 표현하고 있는 것입니다. 주식으로 소비되는 곡류 및 전분류는 가장 크고 바탕이 되는 맨 아래층에 위치하며, 양적으로 많이 섭취해야 하는 식물성 식품인 채소 및 과일류가 둘째 층, 질 좋은 단백질 급원이 되는 동물성 식품들이 세 번째 층에 위치하고, 섭취량은 작으나 칼슘의 섭취를 위해 중요한 우유 및 유제품이 네 번째 층에 위치하고 있습니다. 유지, 견과류 및 당류는 농축 열량원이므로 가장 작은 위층에 위치하고 있습니다. 이 중에서 한 가지 식품군이라도 빠지면 탑은 무너지게 되겠죠? 뿐만 아니라 부실한 탑의 모양으로 매일 음식을 섭취하게 되면 결국에는 건강까지도 무너질 수 있다는 무언의

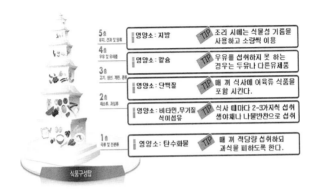

암시가 아닐까요? 따라서 매일 5가지 식품군을 빠짐없이 골고루 섭취하는 것이 우리 건강을 지키는 기초가 됩니다.

(3) 끼니별로 균형 있게 칼로리 배분하여 먹기

저녁식사 이후 아침 식사까지의 공백기간 동안에도 혈중 포도당 농도(혈당)를 일정하게 유지되다가 아침이면 혈당이 점점 떨어지게 됩니다. 따라서 아침이 되면 다시 에너지를 공급하여 주어야 하므로 아침 식사가 중요합니다. 아침식사는 단백질과 약간의 지방, 탄수화물이 골고루 포함되게 하여 간단하게나마 식사를 하는 것이 좋습니다. 그래야만 에너지공급이 일정한 수준으로 유지되어 점심시간까지 활력을 느낄 수 있습니다. 점심도 탄수화물, 단백질, 약간의 지방이 포함된 식사를 하는 것이 좋으며 활동량에 따라 식사량을 조절하도록 합니다. 생리적인 필요량으로 볼 때, 저녁식사는 아침, 점심 식사보다는 많지 않도록 하는 것이 좋으나, 사회 문화적 습관에서 우리나라의 경우 회식 문화로 인해 과식하는 경향이 매우 높습니다.

아침에 공급되는 에너지는 그날의 원동력　　아침을 너무 적게 먹거나 혹은 불균형되게 먹게 되면 하루를 비능률적으로 보낼 수 있습니다. 에너지는 인체의 혈장 속에 일정한 농도의 포도당이 있을 때, 각 세포는 지속적으로 필요로 하는 에너지를 얻을 수 있습니다. 12시간 동안 굶은 상태에서의 혈액 100cc에 보통 80~120mg의 포도당이 있는데 이를 공복시 혈당이라고 하지요. 보통 이 정도의 혈당수준을 정상 혈당이라고 합니다. 그러나 그 이후에 음식으로부터 포도당이 공급되지 않게 되면, 혈당은 점점 떨어지게 됩니다. 혈당이 약 70mg으로 떨어지게 되면 배고픔을 느끼게 되고, 나른한 상태가 되었다가, 이 상태가 회복이 되지 않으면 점차 피로로 변합니다. 만약에 혈당치가 약 65mg으로 떨어지면 단 것을 먹고 싶은 생각이 납니다. 동시에 배에서 꼬르륵 소리가 나기도 한답니다. 이 상태에서 계속 당이 공급되지 않게 되면 피로는 지치는 상태로 변하고 두통, 무기력, 비틀거리는 현상이 나타나게 되지요. 예민한 경우에는 가슴이 두근거리거나, 식은땀이 나거나, 심지어는 메스꺼움이나 구토를 경험하기도 한답니다. 따라서 가볍게라도 영양소를 골고루 갖추어 식사를 하는 것이 좋습니다. 왜냐하면 에너지 공급원인 탄수화물은 소화를 지연시키는 단백질과 지방과 같이 있을 때, 혈액 속으로 천천히 흡수되어, 에너지 공급이 여러 시간 동안 동일한 수준으로 유지될 수 있기 때문입니다.

같은 칼로리라도 살로 더 가는 야식   같은 칼로리를 섭취하여도 밤에 음식물을 섭취하면 살이 더 찌는 이유는 뭘까요? 문제는 호르몬입니다. 보통 음식물을 먹게 되면 우리 몸에서는 인슐린(insulin)과 글루카곤(glucagon)이라는 호르몬이 함께 분비됩니다. 인슐린은 탄수화물에서 분해된 포도당이 혈액으로 나오게 되면, 일정 수준의 혈당을 유지하게 하고 나머지 세포, 간과 근육으로 보내는 역할을 합니다. 이렇게 세포나 간, 근육에 보내진 포도당은 에너지원으로 사용되고 남은 포도당은 다시 지방으로 변환시켜 지방조직에 보관하게 합니다. 한편 낮에는 '글루카곤'이라는 지방세포분해 물질도 같이 분비되므로 지방으로 바뀌는 양이 적게 되지요. 하지만 밤에는 글루카곤이 분비되지 되지 않습니다. 또 밤에는 낮처럼 활동량이 많지 않기 때문에 지방이 소진되지 않습니다. 결국 섭취하는 음식물이 그대로 지방으로 전환되어 살이 찌게 되지요.

　뿐만 아니라 우리 몸에는 교감신경계와 부교감신경계가 있습니다. 낮에는 활동을 위해 교감신경계가 많은 부분 작동하게 되지요. 그러나 밤이 되면서 휴식을 취하기 위해 교감신경계의 활동은 줄고 부교감신경계가 많이 작동하기 시작합니다. 이렇게 밤이 되면 부교감신경계가 작동하면서 휴식을 취해야 하는데, 갑자기 음식물이 들어오면 신경계는 혼란을 느끼게 되겠죠? 곧바로 우리 몸은 본능적으로 몸을 최대한 쉬게 하면서 소화흡수과정은 빠르게 하는 방법을 찾아내게 되고, 그 방법이 바로 음식에서 나온 열량 영양소들을 빠르게 지방 전환인 것입니다. 이 과정에서 야식은 지방으로, 즉 살로 빠르게 변환되는 것이지요.

3. 비상 칼로리 통장

만약 장기간 음식을 못 먹게 되면 어떻게 될까요? 원시시대에 이미 형성된 유전자에 의해 우리 몸은 언제 있을지 모르는 기아상태에 대비하기 위하여 다음과 같은 형태로 비상 칼로리 통장을 만들어 놓았답니다.

⑴ 글루코겐
인체에 탄수화물이 공급되어지면, 여러 단계의 대사과정을 거쳐 포도당으로 최종 분해되어, 혈액으로 들어와서 혈액에 일정 농도로 유지됩니다. 그 이상은 글리코겐으로 전환되어 간과 근육에 저장됩니다. 간에는 약 100g, 근육에 약 250g 정도 저장되는데, 이는 열량으로 사용될 경우, 약 10~15시간 밖에 사용될 수 없는 소량이지요. 특히 근육조직에 저장된 글루코겐은 다시 포도당으로 전환되어 사용되는 것이 아니라 근육에만 공급되는 열량원으로 사용됩니다. 이렇게 열량으로 저장되는 글루코겐의 양이 제한되어 있어, 그 이상의 탄수화물이 공급될 경우에는 지방으로 전환되어 지방 조직에 저장되게 됩니다.

(2) 지방 세포

지방세포의 기능은 연료 저장고입니다. 여기에 저장된 지방은 정상인의 경우 약 40일, 비만인 경우 1년 이상 사용할 수 있습니다. 일반적으로 지방 조직은 7,700 kcal/kg의 열량을 함유하는 것으로 추산됩니다. 글리코겐이나 근육 단백질로 에너지를 저장할 경우에는 동량의 수분과 함께 저장되기 때문에 1g당 발생되는 열량이 적습니다, 반면 지방 세포의 경우는 80%가

지질이고 물의 비율이 적기 때문에 매우 효율적인 에너지 저장 창고가 되지요.

　사람을 비롯하여 대부분의 포유동물에는 지방세포가 백색 지방세포와 갈색 지방 세포의 두 형태로 존재합니다. 백색 지방 세포는 그 대부분이 지방구가 차지하고 있으며, 주요 기능이 연료의 저장고 역할이며, 체내의 요구와 상황에 따라 에너지로 변환되어 사용됩니다. 갈색지방세포는 사람의 경우 목 근처, 신장, 부신, 복부에 발달되어 있으며, 이 세포는 출생 시에 가장 많으며 연령이 증가함에 따라 점점 감소하게 되지요. 갈색 지방 세포는 동면에서 깨어날 때, 추운 기후에서, 그리고 막 태어난 신생 동물이나 신생아의 경우 이 조직에서 열을 생산해 냅니다. 특기할 만한 사항은 비만의 경우 갈색 지방 조직이 감소되거나, 아예 존재하지 않아 섭취된 열량을 열로 발산하는 비율이 적어지므로, 상대적으로 열량의 사용이 적어지게 되어 다시 지방 조직으로 저장되는 악순환이 되어진다는 연구결과도 있습니다.

(3) 근 육

근육은 다른 말로 힘살이라고 합니다. 힘이 나오는 살이라는 뜻이지요. 근육은 우리 몸무게의 약 반을 차지합니다. 우리 몸을 구성하는 모두 기관이 움직이는 것은 기관 옆에 위치하고 있는 근육의 수축과 이완 때문이지요. 근육이 수축할 때는 에너지가 소비됩니다. 이 에너지가 전부 일 에너지로 소비되는 것은 아니고, 75% 이상은 열로 전환됩니다. 이와 같이 근육의 수축은 열 발생을 수반하므로, 운동을 하면 몸이 따뜻해집니다. 평상시에 근육은 에너지를 사용하는 조직이지요. 그러나 공복 상태가 지속되면, 약 24시간 이후부터는 우리 몸은 생명활동에 필요한 에너지의 일부를 하루에 75g 정도의 근육 단백질을 분해하여 포도당을 만들어 사용합니다. 따라서 공복 상태가 지속되면서 근육 단백질을 계속하여 사용하게 되면, 인간은 어떻게 될까요? 다행히도 공복이 지속되면 인체는 적응 현상이 일어나게 되어, 열량원으로의 근육단백질을 점점 적게 사용하게 됩니다. 즉, 근육 단백질의 소모는 처음 75g에서 5주 후에는 약 20g으로 감소하게 되지요. 이

때부터는 간에서 지방 세포에서 나온 지방을 열량원으로 사용하게 됩니다. 이렇게 근육은 열량이 외부로부터 공급이 안 될 경우 비상 연료로 사용됩니다.

4. 지금은 칼로리와 전쟁 중

(1) 외식과 칼로리

외식 문화는 현대인의 변화된 식생활양식 중에 하나입니다. 외식의 빈도가 증가하고 있고, 현대인의 식사 섭취 의존도가 점점 가정식보다 외식이 더 높아지고 있다고 해도 과언이 아닐 것입니다. 반면 외식업소들은 업소 간에 경쟁력 확보를 위해 보다 더 자극적인 맛 또는 음식 가지 수를 늘이고 있습니다. 결과적으로 소비자들은 외식시 필요량 이상을 먹고 있습니다. 이에 소비자 스스로 본인에게 맞는 칼로리 섭취를 할 수 있도록 하여야 할 것입니다. 미국은 메뉴 영양표시제도(Menu labeling legislation) 사업으로 미국 내 10개 이상의 체인을 가진 외식업체 또는 연매출 10만 불 이상의 업체에게 제공되는 외식의 칼로리뿐만 아니라 포화

지방, 트랜스지방, 탄수화물, 나트륨 등 주요 영양성분을 분석하여 식당 내에 고객이 이용 가능한 곳에 표기하도록 제도화하고 있습니다. 최근 우리나라에서도 소비자들에게 외식에 대한 영양정보를 제공하기 위해, 소비자들이 외식으로 즐기는 다빈도 외식 메뉴 위주로 식품영양표시 사업을 실시하게 되었고 점차 확대할 방안이라고 합니다.

이러한 외식의 영양성분에 대한 정보는 음식의 좋고 나쁨을 판단하는 도구가 아닙니다. '열량이 높은 음식은 나쁜 음식이고 열량이 낮은 음식은 좋은 음식이다'라는 식의 판단 기준이 아닙니다. 다만 영양정보를 참고하여 개인별의 상황에 맞게 섭취량을 조절하거나, 필요한 영양성분에 맞게 메뉴를 선택할 수 있도록 도움을 주기 위한 정보입니다. 예를 들어 삼계탕인 경우 열량도 높지만 탄수화물보다는 단백질과 지질의 함량이 더 많은 메뉴이며, 국수류 메뉴인 경우, 특히 짬뽕이 경우에는 삼계탕과 유사한 열량이지만 오히려 탄수화물의 함량이 더 많습니다. 이러한 정보를 토대로 본인에게 필요한 메뉴를 선택하거나, 본인의 칼로리 기

구 분	식품명(1인분)	에너지(kcal)	당질(%)	단백질(%)	지방(%)
한 식	생등심	300	0	42	58
	불고기	333	2	38	60
	청국장찌개	428	78	15	7
	된장찌개	445	73	16	11
	낙지볶음	445	76	18	6
	비빔냉면	450	65	15	20
	추어탕	450	68	24	8
	보쌈	460	5	37	57
	설렁탕	463	69	16	15
	진곰탕	463	69	16	15
	순두부찌개	473	59	22	19
	김치찌개	475	62	18	20
	쇠고기국밥	480	65	17	19
	돼지갈비	485	6	27	66
	회냉면	488	65	22	13
	내장탕	490	61	21	18
	육개장	508	60	18	23
	물냉면	514	55	17	28
	채소비빔밥	535	59	14	27
	불낙전골	538	68	15	18
	비빔밥	550	561	7	27
	삼겹살	565	2	29	69
	양념갈비구이	575	7	28	65

	닭볶음	590	27	25	48
	갈비찜	595	8	29	63
	꼬리곰탕	630	46	23	31
	갈비탕	740	40	22	38
	삼계탕	800	17	27	57
	장어날치알밥	428	69	20	10
일 식	생선초밥	440	72	20	8
	모밀국수	450	92	80	
	대구탕	460	68	24	8
	유부초밥	515	57	14	29
	회덮밥	523	60	24	15
	일식도시락	740	46	20	34
	기스면	458	72	18	10
중 식	탕수육	470	32	18	50
	짬뽕	590	60	19	21
	자장면	658	59	10	31
	볶음밥	705	48	12	39
양 식	카레라이스	600	72	13	15
	김치볶음밥	618	57	10	33
	오므라이스	683	50	13	36
	안심스테이크	860	39	19	41
	햄버그스테이크	860	39	19	41
	생선가스	883	44	14	42
	돈가스	958	45	15	40
	정식	1060	41	16	43

준량에 맞게 양을 줄이거나 다음 끼니에 혹은 간식을
통하여 영양소 균형을 맞추면 됩니다.
다음은 건강한 외식 선택을 위한 방법입니다.

① 너무 배고픈 상태로 식당에 가지 마십시오.

미리 과일 한 조각이나 약간의 샐러드를 먹어 배고픈 것을 좀 면해야 주문을 하거나 먹을 때에 양을 잘 조절할 수가 있습니다.

② 가급적 메뉴 선택시 칼로리가 적은 메뉴 또는 조리법으로 선택하세요.

이 메뉴보다는		이 메뉴로 선택하세요
큰 버거	⇒	작은 버거
크림없은 시금치	⇒	레몬즙 뿌린 브로콜리 찜
해산물 수프	⇒	맑은 야채 수프
라이스 필라프	⇒	물냉면, 국수 장국
버터로 으깬 감자	⇒	굽거나 찐 감자
갈비, 등심, 삽결살	⇒	지방이 적은 부위의 고기
닭튀김	⇒	닭구이, 닭 가슴살 샐러드
카푸치노	⇒	탈지유를 넣은 카푸치노, 에스프레소
중식, 양식요리	⇒	한식, 일식 요리

(2) 음료수와 칼로리

최근 다양한 음료수들이 많이 판매되고 있지요? 갈증날 때, 회의할 때, 그리고 친구와 만나서, 식사 후 무심코 한 잔씩 마시기 쉬우나, 음료수에 포함된 칼로리도 만만치 않습니다. 예를 들어 볼까요? 식사 후 마시는 자판기 커피(커피와 크림 그리고 설탕 포함) 1잔이 약 40kcal 정도입니다. 하루에 2~3잔 정도는 쉽게 마십니다. 그러면 약 80~120kcal 정도로 결코 적은 양은 아닐 것입니다. 자판기 커피를 그냥 원두커피로만 바꾸어도 쉽게 60kcal를 적게 섭취할 수 있습니다. 먹은 것도 없는데 살찐다고 생각되시는 분들은 혹시 습관적으로 마시는 음료수가 문제가 되는지 살펴보시기 바랍니다.

음료수의 열량 |

제 품	용량(g)	열량(kcal)	제 품	용량(g)	열량(kcal)
사이다	250	113	녹차	250	0
스포츠음료	240	60	환타	250	146
과일주스	190	95	식혜	250	110
콜라	250	40	수정과	250	120
다이어트콜라	250	0	밀크셰이크	250	360
커피믹스	12	55	카페라떼	237	110
블랙커피	4	15	아메리카노	237	5~10
카라멜마키아또	237	140	카푸치노	237	90
카페모카	237	200	쿠퍼스	150	135

(3) 요리와 칼로리

최근 영국 BBC 방송에서 인간이 음식 요리법을 발견하지 못했다면 여전히 원숭이 모습을 하고 하루 대부분을 음식을 씹으며 보냈을 것이라는 이론이 제기된 바 있습니다. 이 방송은 전문가들의 말을 인용해 요리를 하지 않으면 평균적인 인간은 생존을 위한 열량을 얻기 위해 매일 약 5kg의 날 음식을 씹어야 하고 이는 하루 6시간의 씹기 마라톤을 해야 한다는 것을 의미한다고 전했습니다. 인류의 조상이 식단에 육류를 도입하면서 인간의 뇌가 커지고 지능이 발달하게 됐다는 것은 이미 받아들여진 사실이기도 합니다. 열량이 고도로 농축돼있는 형태인 육류는 우리 조상의 뇌를 더 크게 만들었을 뿐 아니라 필요한 열량을 유지하기 위해 식량을 확보하는 데 시간 대부분을 소비할 필요가 없게 만들었다는 설명이지요. 결과적으로 인류는 먹는 데 사용되는 시간을 절약하여, 상대적으로 더 많은 시간을 사회구조를 발전시키는 데 사용할 수 있었다는 것입니다. 하버드 대학 리처드 랭험 교수는 이러한 식품 재료의 변화뿐 아니라 우리가 그것을 준비하는 방식의 변화가 인간이라는 종(種)의 급진적인 진화를 불러왔다고 지적한 바 있습니다. 그는 "요리는 인간 역사에 있어서 가장 획기적으로 식품의 질을 향상시켰다." "조상들은 아마도 우연히 불 속에 음식을 떨어뜨렸을 것이고 그것이 맛있다는 것을 알고 전적으로 새로운 방향을 발견했을 것"이라고 주장하기도 했습니다.

우리의 가장 초기 조상은 원숭이를 닮은 오스트랄로피테쿠스였습니다. 오스트랄로피테쿠스는 엄청난 양의 식물을 소화시키는 데 커다란 창자가 필요했기 때문에 배가 불룩 나왔고 거친 식물을 갈고 으깨기 위해 치아가 크고 납작했다고 합니다.

오스트랄로피테쿠스는 육식을 하게 되면서 치아가 날카로워지고 뇌가 30%가 커진 호모 하빌리스가 탄생했습니다. 그러나 가장 결정적인 변화는 180만 년 전 호모 에렉투스의 등장입니다. 호모 에렉투스는 뇌는 더 커지고 턱과 이가 작아졌으며 팔의 길이는 짧아지고 다리가 길어지는 등 현대인과 비슷한 모습을 갖게 되었고, 직립보행뿐 아니라 뛸 수도 있었고 요리도 할 수 있었습니다. 랭햄 교수는 "요리를 하면서 내장이 클 필요가 없어졌다"며 "내장이 작으면 에너지를 절약하고 자녀를 많이 낳을 수 있으며 생존하기가 더 쉽다"고 주장하기도 했습니다.

리버풀 존 무어 대학의 피터 휠러 교수와 그의 동료 레슬리 엘로 교수는 인류의 뇌가 커진 것은 우리의 소화 체계의 변화 때문이라고 분석하였습니다. 즉 식품을 요리하는 것은 식품의 세포를 잘게 나누는 것이고 이는 위장이 일을 덜하게 되고 이로 인해 남는 에너지를 커진 뇌에 줄 수 있다는 것을 의미한다고 말합니다.

이렇듯 요리를 통해 인류가 발전하게 되었다라는 주장도 흥미 있지만, 반면 요리는 '맛'에 탐닉하게 되면서 고소한 맛의 지방, 단맛의 설탕, 그리고 감칠맛의 단백질에 중독되어 가고 있습니다. 요리 또한 점점 자극적인 맛을 추구하게 되면서 필요 이상의 재료를 사용하게 되어 음식의 칼로리와 영양성분의 공급은 점점 증가하게 되었지요. 적은 양에도 칼로리가 많이 나가는 음식에 점점 중독되면서 인류는 점점 비만해지고 있습니다. 따라서 매일 일상에서 너무 과한 요리는

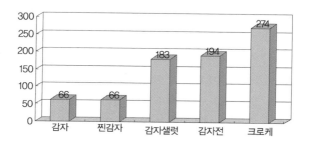

자제하고, 요리를 하더라도 가급적 소박하게 요리하여
먹도록 습관을 하는 것이 필요합니다.

  100kcal의 위력을 아시나요

  체중이 증가한다구요? 우선 1kg이라도 빼는 노력
을 하십시오. 체내에 지방조직 1kg을 빼기 위해 성인 남
성의 경우 2.5개월 동안 하루에 100kcal 정도를 꾸준히
덜 먹어야 합니다. 반대로 체중을 일정하게 유지하다가
매일 100kcal 정도 더 섭취하면 1년 후 지방 조직으로
4.7kg 가량 증가하게 됩니다.
  어느 정도 먹으면 100kcal 열량이 나올까요? 아래

의 표에서도 알 수 있듯이 100kcal를 내는 식품의 양은 식품 별로 차이가 있습니다. 우선 우리가 일상에서 무의식적으로 먹는 식품의 열량이 만만치 않다는 사실을 기억하시기 바랍니다. 예를 들어 식사 후 습관적으로 마시는 자판기 커피의 경우 1잔이 약 40kcal 정도로 점심, 저녁 후 2잔만 마셔도 쉽게 80kcal가 된답니다. 카페에서 라떼를 주문하고 계십니까? 과감하게 아메리카노로 바꾸세요. 무려 100kcal 차이가 납니다. 다이어트를 위해 샐러드만 섭취할 경우 드레싱으로 인해 오히려 열량섭취가 증가되는 경우가 많으니 주의해야 합니다. 샐러드 1인분의 칼로리는 100~120kcal이지만, 기름이나 설탕, 꿀, 마요네즈로 만든 허니 드레싱, 아일랜드 드레싱 등을 얹으면 400~500kcal는 금방 초과되지요.

100kcal를 내는 식품의 양 |

구 분	식품의 양
곡 류	밥 70g(1/3공기), 고구마 100g(1/2개), 인절미 50g(3개), 식빵 35g(1쪽)
어육류	살코기 80g(탁구공 크기 2개), 생선 100g(작은 1마리), 두부 120g(1/3모), 갈비 40g(작은 1토막), 장어 50g(2점)
야채류	상추 350g, 양송이 350g, 오이 350g(2~3개), 도라지 250g

기름류	들기름 10g(2찻술), 호두 16g(1개), 버터 12g(버터 1개)
우 유	우유 180g(4/5봉지), 아이스크림(콘) 1/2개
과 일	귤 100g(작은 것 2개), 사과 100g(작은 것 1개)
기 타	인스턴트 커피 2.5잔, 콜라 캔 음료 1캔, 설탕 25g(스틱 설탕 5개)

Chapter 05

칼로리 통장의 불균형

1. 체중 부족

　체중 부족은 영양불량증의 하나로 정상 체중보다 10~15% 적은 경우를 말하며, 병의 원인이 되기도 하고, 병의 결과이기도 하므로 갑자기 체중이 감소되었다면 의학적인 검사가 필요합니다. 체중이 부족한 사람들은 병에 대한 저항력 감소, 성장 지연, 소화 흡수력 감퇴 등의 증상이 있습니다. 극심한 경우에는 쉽게 피로해지며 추위에 민감하며 감정이 약해집니다.

　체중 부족은 사람의 활동에 필요한 식품의 양과 질

의 불충분, 소비된 식품의 흡수와 이용의 빈약함. 식품의 무성의한 선택, 대사를 증가시키는 결핵이나 갑상선 비대증과 같은 소모성 질환, 정신적인 긴장, 신경성 식욕부진 등이 원인이 된다고 합니다. 그 외 내분비 장애가 저 영양의 원인이 된다고 하는데 영양실조인 사람들에게 뇌하수체, 갑상선, 생식선, 부신 등의 기능저하가 나타납니다.

체중 증가 계획을 세우기 전 우선 체중 부족의 근본 원인을 알아야 합니다. 그 원인이 소모성 질환이라면 우선 병을 치료해야 합니다. 또 신경성 식욕 부진인 경우에는 근본적인 근심과 불안감을 없애야 되겠습니다. 이런 경우에는 심리적 치료가 동반되어야 합니다. 그렇지만 대다수 체중부족의 원인으로는 부적당한 식품 섭취와 섭취 후 영양소의 흡수 기능이 떨어지는 경우 등이 있습니다. 이럴 경우에 음식의 선택과 공급이 중요하며, 한 번을 먹어도 영양이 풍부한 식사를 먹어야 합니다. 정해진 식사시간에 따라 잘 계획된 식사가 공급되어야 하며 3끼 식사로 먹는 양이 부족하다면 간식의 양과 먹는 횟수를 늘이는 것도 좋겠습니다.

그럼 어느 정도 더 먹어야 할까요? 평소 먹는 양에서 500kcal의 열량을 추가합니다.

500kcal 열량을 증가시키기 위해서는 매 끼마다 밥 100g(1/3공기=100kcal)와 우유 1잔(120kcal), 과일 1회 (귤 1개=50kcal) 정도 더 먹으면 됩니다.

그러나 질환이 있거나, 적게 먹는 식습관이 형성된 상태에서 양을 증가하는 것은 말처럼 쉽지는 않은 일입니다. 따라서 양을 늘리기 보다는 열량의 밀도가 높게 농축된 형태로 먹는 것도 도움이 됩니다.

 식사에서 열량을 증가시킬 수 있는 노하우

① 주식의 경우 다른 식품들을 첨가하여 동일한 섭취량을 먹더라도 열량을 높입니다.
• 밥: 김밥, 초밥, 주먹밥, 볶음밥, 유부밥 등
• 죽: 야채죽, 전복죽, 계란죽, 닭죽, 깨죽, 호박죽, 단팥죽, 잣죽 등
② 주식의 양이 적은 경우 다른 탄수화물 식품을 간식으로 활

용합니다.

- 이때도 단일 품목보다는 잣, 아몬드, 쨈, 버터 등을 곁들이는 것이 좋습니다.

    예) 감자 으깸(감자+버터), 고구마(소화가 안 될 경우에는 주의하여야 함), 밤, 꿀떡, 떡+참기름, 옥수수버터구이, 등

③ 조리법을 변경하여 열량을 보충합니다.

- 쇠고기, 닭고기 요리: 샐러드드레싱이나 소스와 함께 먹습니다.
- 나물요리: 볶거나 무침을 할 때 식용유, 참기름, 들기름 등을 충분히 사용합니다.
- 야채샐러드: 마요네즈, 샐러드드레싱을 충분히 사용합니다.
- 우유, 두유 등 음료: 설탕, 꿀, 초콜릿, 미숫가루, 분유 등을 타서 먹습니다.
- 과일: 생과일 대신 과일통조림을 먹거나, 우유, 아이스크림과 과일 등을 혼합하여 셰이크로 먹습니다.

④ 지방보다는 탄수화물이 많이 포함된 간식이 포만감이 빨리 사라지므로 더 편안함을 끼며, 그 다음 끼에 식사량에 영향을 주지 않습니다.

- 사탕, 젤리, 크래커, 빵 류, 과일, 주스 등

2. 섭식 장애

의식적으로 에너지 균형상태를 변화시키고자 비정상적으로 많이 먹거나 또는 먹기를 거부하는 등의 식행동 변화를 나타내는 것을 '신경성 섭식 장애'라고 합니다. 정확한 원인에 대해서는 여러 가지 학설이 있지만, 외모에 대한 사회적 가치관과 자신에 대한 신체적 콤플렉스와 유전적 요인 등이 주원인으로 추정되고 있지요. 발병은 주로 청소년기와 초기 성인기에 많으며, 남성보다 여성에게서 훨씬 흔하게 발견되는데, 특히 살이 찌는 것이 두려워 음식을 거부하다가 심각하게 진행됩니다.

(1) 식욕 부진증

신경성 식욕부진증 환자는 특별한 질병이 없음에도 불구하고 원래의 체중에서 최소 15~25% 이상 체중감소가 나타날 경우 거식증으로 분류되며, 체중이 정상 범위보다 30% 이하로 떨어졌을 때는 입원치료가 필요합니다.

특히, 거식증의 경우 영양상태가 매우 저조하기 때문에 골격근이 위축되거나 지방 조직이 손실을 입게 되고, 여성의 경우 월경이 중단될 수 있습니다. 이외에도 탈모와 피부 착색, 저혈압증, 우울증 등이 초래되고, 오랜 구토 습관이 있는 경우 치아와 식도, 위 등에도 염증과 상처를 입을 수 있다. 부종, 혹은 심장마비나 심한 경우 영양부족으로 사망에 이르기도 합니다. 치료를 통해 정상 체중으로 회복할 가능성도 60% 정도 밖에 되지 않으며 재발도 흔하기 때문에 장기적인 치료가 필수적입니다. 또한 거식증은 성격에도 변화를 가져와 짜증을 많이 내고 우울증에 빠질 수 있으며 신경이 날카로워지고 자신감을 상실하게 되어 사람들과 만나는 것을 회피하게 됩니다. 거식증 환자를 치료함에 있어서 가장 큰 어려움은 거식행위 자체가 그들에게 심각한 문제임을 인식시키고 스스로 자각하게 하는 것이지요. 거식환자 대부분이 자신이 거식증이라는 것을 부인하기 때문에 증세가 심각할 정도로 악화된 후에야 치료를 받는 경우가 흔하답니다. 치료를 위해서는 본인의 의지뿐 아니라 가족과 주위의 관심이 절대적으로 필요합니다. 치료의 목적은 우선적으로 정상 체중과 식사 습관을 회복하는 것이지만 이와 더불어 심리적 문제들을 다루는 것도 중요하지요.

거식증을 치료하기 위해서는 우선 음식을 받아들이고, 정서적으로 살이 찌는 것에 대한 강박증을 버리는 것이 중요합니다. 식사 초기에는 음식량을 조금씩 증가시켜서 기초대사량을 유지할 수 있을 정도로 체중을 회복하고 소화가 잘 되면서 영양가가 풍부한 음식을 선택하는 것이 좋습니다. 초기에는 식사로 인한 급격한 체중증가가 있을 수 있는데, 이것은 체지방의 증가가 아니라 일시적인 부종일 수 있습니다.

거식증을 치료하기 위해서는 잘못된 식사 행동을 수정하기 위한 정신 치료, 가족 치료와 약물 치료 등을 포함한 종합적인 치료가 필요합니다. 의사 또는 정신상담가 등 전문가와 함께 꾸준하고 장기적인 치료를 받는 것이 중요합니다.

(2) 신경성 탐식증

신경성 탐식증 환자는 신경성 식욕부진환자와는 다

르게 무조건 음식을 거부하는 것이 아니라 실컷 음식을 먹고 나서, 폭식한 것을 후회하며, 자책하고 우울해 합니다. 그러다 의도적으로 구토를 유도가거나 하제를 복용하여 먹을 것을 토하거나 배설하게 됩니다. 이러한 폭식→구토→굶기→폭식 등을 반복하면서 단기간 내에 체중변화의 폭이 10kg 이상 유동적으로 나타납니다. 뿐만 아니라 자신의 식습관에 문제가 있음을 인정하기도 하고, 수정하려는 노력을 보이기는 하나, 습관적으로 이 악순환을 반복합니다.

3. 현대인의 질병! 비만

비만은 다양한 요인들이 복합적으로 작용하여 에너지 섭취는 많은 반면 에너지 소비는 적어 과잉의 에너지가 지방으로 전환되어 체내에 과도하게 축적된 상태를 말합니다. 체지방은 개인이 지니고 있는 유전전 요인으로 체형에 따른 체지방의 최소량이 결정되고, 환경적 요인에 속하는 개인의 식사 행동 및 습관들이 체지방의 최대량이 결정됩니다. 즉, 유전적으로 비만 체질인 사람은 체내에 에너지 대사가 상대적으로 효율이 좋고 심지어는 기초대사량이 적어 동일한 섭취량이어도 지방으로 전환되는 비율이 정상인보다 상대적으로 높습니다. 반면 환경적 요인으로 에너지 섭취량이 상대적으로 높고, 또는 운동부족 혹은 활동부족 등으로 섭취한 에너지에 비해 소비된 에너지가 적은 경우 여분의 에너지가 체지방의 형태로 축적되어 비만이 초래됩니다.

세계보건기구(WHO) 아시아-태평양지침에서는 체질량지수(body mass index, BMI=kg/㎡)를 이용하여 비만을 분류하고 있습니다. 체질량지수가 비슷한 환자들이라도 체지방의 분포가 어디에 많이 축적되어 있느냐에 따라 형태가 구분되는데 상완 및 복부에 지방이 많이 축적된 경우를 남성형 비만, 둔부 및 대퇴부에 축적된 경우를 여성형 비만으로 분류하고 있습니다. 복부에 지방이 많이 축적되는 남성형 비만은 합병증이 발생할 위험도가 증가하므로 허리둘레/엉덩이 둘레의 비(남자〉1, 여자〉0.85)가 복부비만의 지표로 사용되었으나 최근에는 허리둘레가 복부내장 지방의 적절한

아시아 성인에서 체질량 지수에 따른 비만의 분류 |

분 류	체질량지수	합 병 증
저체중	18.5	낮 음
정 상	18.5∼22.9	보 통
과체중	23.0 이상	
위험체중	23.0∼24.9	증가됨
1단계 비만	25.0∼29.9	중증도
2단계 비만	30.0 이상	심 함

지표가 됨이 확인되어 허리둘레(남자〉90cm, 여자〉85cm
2006년 대한비만학회)로 복부비만을 분류하고 있습니다.

(1) 저칼로리 식사와 체중 감량

비만을 치료하기 위해 가장 보편적으로 시도하는
방법이 '저칼로리 식사'입니다. 이 방법은 에너지 요구
량보다 적은 열량을 섭취하여 부족된 에너지를 체지방
을 연소시켜 공급하게 함으로써, 체중감량을 유도하는
방법입니다.

그렇다면 무조건 적게 먹으면 될까요? 우리 몸은
식사 제한을 심하게 하여 칼로리 공급이 적어지게 되

면, 신체는 바로 방어적 시스템을 가동시키게 됩니다. 보통은 1일 500kcal의 섭취량을 줄이게 되면 1주일에 0.5kg의 체중이 감소합니다. 이 정도의 목표로 1개월에 2~3kg 정도의 체중감량이 좋습니다. 또한 칼로리가 줄어도 영양소를 골고루 섭취할 수 있도록 식단을 구성하는 것도 중요합니다. 저칼로리식사의 목표는 체지방 수준을 감소시키는 것으로 다른 영양소의 균형식사로 합병증의 위험을 감소시키고 건강을 증진시키는 것임을 명심하여야 할 것입니다.

 칼로리 제한하기

열량필요량 계산하기

표준체중×30kcal(표준체중×활동량에 따른 에너지소비량)-500kcal(체중감량을 위한 칼로리)

Q) 키 155cm, 체중 62kg인 주부가 체중조절을 하려고 합니다. 칼로리 필요량은 얼마만큼 될까요?

A) 먼저 이 여성의 표준체중을 구해볼까요?

(1) **표준체중** = $1.55m \times 1.55m \times 21 = 50.5kg$

(2) 그렇다면 이 여성의 비만도는?

신체질량지수(BMI)=$62 \div (1.55m \times 1.55m) = 25.8$로 비만상태입니다.

B) 주당 0.5kg의 체중감소를 위해 칼로리 공급량을 어떻게 조절할까요?

표준체중에 중등도 활동을 고려하여 1일 총 필요열량을 구한 후 체중감소를 위해 500kcal를 빼면 됩니다.

(표준체중 $50.5kg \times$ 중등도 활동에너지 35kcal)-500kcal= 1,200kcal

∴ 1일 총 섭취열량은 1,200kcal로 섭취량을 제한합니다.

식 품 군	1회 섭취량	하루 섭취량
곡류군	밥 1공기 (210g)	• 매끼 밥 7부(160g)를 드세요. • 식빵 2.5쪽 혹은 삶은 국수 1.5공기(240g)와 바꿔 드실 수 있어요.
어육류군	육류 1접시 or 생선 1토막	• 살코기 4~5점, 생선 1토막, 계란 1개, 두부 1/6모 등은 서로 바꿔 드실 수 있어요. • 매끼 1~2가지의 육류찬을 드십시오. 예) 아침에 계란찜 1개, 점심에 불고기 8~10점, 저녁에 생선 2토막 • 갈비, 삼겹살 등 기름기 많은 육류의 잦은 섭취를 삼가십시오.
채소군	1접시	• 매끼 1접시 정도의 야채를 드세요. 가급적 다양하게 선택하세요. • 나물이나 생채로 충분히 드세요.
지방군	1작은술	• 기름 1작은술은 버터, 마가린, 마요네즈 1.5스푼과 같아요. • 매끼 1작은술 정도 사용하세요.
우유군	1컵	• 우유 1개(200ml)와 두유1개(200ml)는 서로 바꿔 드실 수 있어요. • 하루 1번 간식으로 드세요.
과일군	귤(중)1개 or 사과1/3개	• 사과 1/3개=배 1/4개=단감½개=귤 1개=토마토(대) 1개=무가당주스 1/2컵(100ml)=토마토주스1컵(200ml)은 서로 바꿔 드실 수 있어요. • 하루에 2회 정도 간식으로 드세요.

식 품 군	1회 섭취량	하루 섭취량
곡류군	밥 1공기 (210g)	• 매끼 밥 1/2공기(약 120g) 정도 드세요. • 혹은 식빵 2쪽 혹은 삶은 국수 3/5공기(150g)와 바꿔 드실 수 있어요.
어육류군	육류 1접시 or 생선 1토막	• 살코기 4~5점, 생선 1토막, 계란 1개. 두부 1/6모 등은 서로 바꿔 드실 수 있어요. • 매끼 1가지의 육류찬을 드십시오. 예) 아침에 계란찜 1개, 점심에 불고기 8~10점, 저녁에 생선 1토막 • 갈비, 삼겹살 등 기름기 많은 육류의 잦은 섭취를 삼가십시오.
채소군	1접시	• 매끼 1접시 정도의 야채를 드세요. 가급적 다양하게 선택하세요. • 나물이나 생채로 충분히 드세요
지방군	1작은술	• 기름 1작은술은 버터, 마가린, 마요네즈 1.5스푼과 같아요. • 매끼 1작은술 정도 사용하세요.
우유군	1컵	• 우유 1개(200ml)와 두유1개(200ml)는 서로 바꿔 드실 수 있어요. • 하루 1번 간식으로 드세요.
과일군	귤(중)1개 or 사과1/3개	• 사과 1/3개=배 1/4개=단감 1/2개=귤 1개=토마토(대) 1개=무가당주스 1/2컵(100ml)=토마토주스1컵(200ml)은 서로 바꿔 드실 수 있어요. • 하루에 1회 정도 간식으로 드세요.

(2) 극저열량식이

극저열량식은 하루 400~800kcal의 열량을 섭취하는 체중조절식으로 정상인 여자가 섭취하는 열량인 2,000kcal의 1/5~2/5 정도 밖에 되지 않은 소량의 식사입니다. 영양적으로 균형이 되지 않는 식사입니다. 보통 체질량지수(BMI) 30kg/㎡ 이상의 고도비만인에게 적용되며 의사와 임상영양사의 관리 하에서 시행할 수 있습니다. 1일 1,200kcal 이하의 식사를 하는 환자에게는 종합비타민제의 보충이 필요합니다.

극저열량식이의 1일 식품구성은 다음과 같습니다.

1일 식품구성의 예 |

식품군	600kcal	800kcal	1000kcal
곡류군	매끼 밥45g(1/5 공기)×3회	매끼 밥 1/3공기 ×3회	매끼 밥 1/3공기×3회 모닝빵 1개
어육류군	하루 2끼 육류찬 1개	매끼 육류찬 1개	매끼 육류찬 1개
채소군	매끼 야채찬 2종	매끼 야채찬 2종	매끼 야채찬 2~3종
과일군	귤 1개 or 사과 1/3개	귤 1개 or 사과 1/3개	귤 1개 or 사과 1/3개

우유군	저지방 우유 1컵	저지방 우유 1컵	저지방 우유 1컵
지방군	2작은술	2작은술	2작은술

식사량의 변화보다는 식습관이 변해야 합니다. 비만은 오랫동안의 잘못된 습관의 결과이므로, 치료도 어렵고 일단 체중이 감량되었다 하더라도 원래상태로 돌아가기 쉬운 특징이 있습니다. 따라서 체중을 줄이고 나서도 지속이 가능한 식사와 생활습관을 처음부터 계획하는 것이 요요현상을 막는 방법입니다. 비만 치료의 목표는 단순한 식사의 감량보다는 올바른 식품선택과 양 조절, 식사행동, 신체활동의 정도와 관련된 생활습관 전반을 변화시키는 것입니다.

 체중감량을 위한 행동수정 요령

1. 잘못된 식행동을 하지 않습니다.
- 저지방 식품을 구매하고 저지방 조리법을 이용합니다.
- 배 부를 때 쇼핑을 하거나 다른 사람과 함께 장을 봅니다.

• 커피는 설탕과 프림을 넣지 않고 마십니다.

2. 음식섭취를 자극하는 행동을 하지 않습니다.

• 음식은 식탁에서만 먹고 눈에 띄지 않는 곳에 보관하도록 합니다.

• 식품은 가급적 조리되지 않은 상태로 보관하여 그때그때 만들어 먹습니다.

• 배고픔과 식욕을 구별하여 배가 고플 때만 음식을 먹도록 합니다.

• 규칙적으로 식사하고 거르지 않으며, 심심하거나, 출출하지 않게 합니다.

3. 적절한 식사와 운동에 대한 경험을 늘려 나갑니다.

• 다른 사람들과 같이 균형된 한 끼 식사를 합니다.

• 자신의 1인 분량을 알고 한번에 1인 분량만 준비합니다.

• 항상 바른 자세를 유지합니다.

• 걷는 것을 두려워하지 않습니다.

• 2~3층은 계단으로 걸어 올라갑니다.

4. 바람직한 생활습관을 늘려 나갑니다.

• 정해진 시간에 규칙적으로 먹고 특정한 시간 이후에는 절대로 먹지 않습니다.

• 가능한 한 천천히 식사를 하며 먹은 후 바로 이를 닦습니다.

• 식사는 식탁에서 하며, 신문이나 TV를 보는 등의 다른

행동을 하지 않습니다.

• 가급적 사람들과 같이 어울려 하는 운동이나 놀이 문화를 즐깁니다.(탁구, 배드민턴 등)

5. 지속하도록 스스로를 관찰하고 격려하십시오.

• 매일 식사섭취량, 운동 및 체중변화에 대해 기록합니다.

• 만일 계획을 실천하지 못한 경우에도 포기하지 말고, 다음 날부터 다시 시작하십시오.

식사일기 쓰기   대부분의 비만환자는 음식을 먹고 있다는 자체에 지나치게 민감하거나 또는 둔감하고 실제 자신의 식사량을 알지 못하는 사람들이 많습니다. 따라서 어떤 음식을 선호하는지, 언제 주로 먹는지, 어디에서 먹는지 등을 정확하게 분석할 수 있도록 최근 하루 동안 먹었던 음식의 양과 평소 섭취량을 기록하는 식사일기를 작성하도록 합니다. 식사일기는 음식을 먹은 후 바로 기록하도록 하고, 하루 단위로 어느 음식을 많이 먹는지, 어느 시간대에 주로 많이 먹는지, 기분이 어떠한 상태에서 더 먹는지 등 식사 패턴을 살펴보면서, 발견된 문제점을 개선하도록 합니다.

식사일기의 예 ┃

시 간	장 소	음식명	섭취량	기 타
07:30	식 탁	우 유	1잔	늦게 일어나서 우유 1잔만 마심
09:00	사무실	자판커피		습관적으로 마심
12:30	식 당	삼계탕 자판커피	1인분 1잔	공복감에 허겁지겁 먹음

Chapter 06

마이너스 칼로리 통장 —
다이어트의 허와 실

살면서 다이어트를 결심하고 하루라도 실행해보지 않은 사람은 없을 것 입니다.

다이어트(diet)라는 단어가 '살아가는 동안의 습관'이라는 그리스어 'Diaita'에서 유래되었다고 합니다. 사람마다 체중이 증가한 이유가 다르고, 가지고 있는 질환이 다르기 때문에 각 사람에게 맞는 적당한 다이어트 처방이 필요합니다. 예를 들어, 성인과 성장기에 있는 청소년의 다이어트 방법이 다르고, 당뇨 등의 질환이 있는 사람들의 체중 감소 방법은 보다 더 신중해야 할 것입니다.

먼저 유행하는 다이어트 중 몇 가지를 살펴보면서 문제점을 살펴보고 무작정 따라하기보다는 적절한 다이어트 방법을 선택할 것을 권합니다.

1. 단일식품 다이어트(One food diet)

단일식품 다이어트는 일정기간 동안(대개는 2~3일, 길게는 1~2주일) 특정 식품(사과, 포도, 토마토, 꿀, 선식, 허브 등)을 주식으로 하는 다이어트입니다. 이 다이어트의 체중감량 효과는 근본적으로 열량 섭취를 제한하는 것으로 단시일 내 많은 체중감량 효과가 있고 비용과 시간이 절약되는 장점이 있으나 그 효과가 일시적이고 영양적으로 불균형이 초래되어 건강을 해칠 수 있습니다. 즉, 열량은 적게 섭취하면서 포만감을 느끼고 변비가 생기지 않는 장점이 있으나 필수지방산, 미네랄 및 단백질이 결핍될 수 있습니다. 특히 단백질 부족이 계속되면 머리카락이 빠지고 피부가 거칠어집니다. 이 다이어트는 장기적으로 지속할 수 없으므로 곧

바로 요요현상이 생길 수 있습니다.

2. 극저열량 제한 다이어트(Calorie-restricted diet)

이는 1일 섭취 열량을 800~1200kcal 섭취하는 저열량 식사요법(low calorie diet)과 800kcal 이하를 섭취하는 초저열량 식사요법(very low calorie diet) 등이 있습니다. 두 방법 모두 체중 감량속도는 빠르지만 지나치게 식사량이 제한되기 때문에 오랜 기간 지속할 수가 없으며 역시 단일식품 다이어트와 마찬가지로 영양소섭취의 불균형 및 대사이상을 초래할 수 있어 정기적인 의학적 감시하에 단기간 동안 시행되는 것이 바람직합니다.

3. 저탄수화물 다이어트(Low-carbohydrate diet)

이 다이어트는 탄수화물 식품을 상대적으로 적게 먹고 단백질과 지방의 섭취를 더 많이 하는 방법입니다. 이는 고대 그리스의 올림픽 선수들이 경기능력을 향상시키기 위해 시도했던 오랜 역사적 배경을 가진 방법으로 기존의 엄격한 열량 제한에 따른 문제로부터 자유로울 수 있으면서 빠른 체중감량 효과를 볼 수 있는 장점이 있습니다. 반면에 저탄수화물 다이어트시 탄수화물 식품에 같이 포함된 섬유소, 칼슘, 철분, 칼륨, 마그네슘 섭취가 부족하게 되며 엽산, 비타민 B1 등의 비타민이 결핍될 수 있다. 또한 저탄수화물로 인한 구취, 두통, 변비, 피로감, 기립성 저혈압 등이 올 수 있고 단백질 대사과정에서 생긴 질소 노폐물이 신장에 무리를 줄 수 있습니다. 저탄수화물 다이어트의 대표적인 것은 미국 의사 Atkins에 의해 주장된 일명 황제 다이어트입니다. 황제 다이어트는 육류, 생선, 가금류 등 단백질이 풍부한 식품과 기름류를 먹으면서 살을 뺄 수 있다하여 황제 다이어트라는 이름이 붙여졌는데, 이는 표준체중 1kg당 1.5g의 단백질을 섭취하되 밥·국수·빵 등 탄수화물은 초기 2~3개월 동안 하루 20g 이하로 제한하고 이후 50g 이하로 증가시켜 유지하는 다이어트입니다. 저탄수화물로 인한 초기 체중감량이 빠르게 오며 상대적으로 많은 단백질을 먹기 때문에, 포기율이 적다고 합니다. 그러나 단백질 식품에 함께 포함된 동물성 지방과 콜레스테롤을 권장량보다 많이 섭취하게 되어 고지혈증, 관상동맥질환 등의 위험이 증가하는 등 영양의 불균형을 초래할 가능성이 있고, 장기간 고단백 식사를 하는 경우 탄수화물 식품이 결핍되면서 이로 인한 영양적 부작용이 발생하게 됩니다. 뿐만 아니라 다이어트를 중단하면 원래의 체중으로 돌아가기 쉬운 것도 다른 다이어트와 유사합니다.

최근에 322명을 대상으로 2년 동안 시행한 한 연구에 의하면, 109명에게 황제 다이어트에 기초해 처음 2달간 황제 다이어트에서처럼 하루 20g의 탄수화물을 섭취한 후 120g까지 천천히 증가시키고 총칼로리, 단백질, 지방은 제한하지 않았고, 트랜스지방은 피하고 지방과 단백질을 주로 야채에서 섭취하도록 하였습니다. 그 결과 체중 감량과 동시에 콜레스테롤, 중성지방 등이 감소하는 효과가 있었습니다. 저탄수화물 다이어트시 몸에 좋은 단백질과 지방을 먹는다면 총 섭취 열량을 엄격히 제한하지 않아도 저탄수화물 다이어트의 이점을 얻을 수 있으면서 배고픔으로 고통 받지 않아도 되어 장기간의 다이어트에도 무리가 없다고 할 수 있겠습니다.

4. 저지방 다이어트(Low-fat diet)

저지방, 열량 제한 다이어트로 하루 총 섭취 에너지의 30% 미만을 지방에서 섭취하고 포화지방은 10% 미만, 총 콜레스테롤은 300mg 미만을 섭취하는 식이요법입니다. 저지방 곡류, 야채, 과일, 견과류를 먹도록 하고 이외의 지방, 당분 섭취는 제한합니다. 체중감소와 콜레스테롤 수치 감소 효과가 저탄수화물 다이어트보다 적으나 저지방으로 인한 심혈관질환을 예방하는 효과가 있습니다. 그러나 심혈관질환을 예방하는 효과는 단순히 적은 양의 지방을 섭취해서라기보다 포화지방을 적게 섭취하기 때문으로 판단됩니다. 체중변화는 1.5kg 증가부터 13kg 감량까지 나타났으나, 지속적인 지방제한식사는 지용성 비타민의 흡수를 지연시켜 영양적 결핍이 초래될 수도 있습니다.

5. 저인슐린 다이어트(Low-insulin diet, low-GI diet)

최근에는 탄수화물이 우리 몸에서 혈당에 미치는 효과를 수치로 표시하는 혈당지수를 통한 다이어트방법이 각광을 받고 있습니다. 탄수화물이 함유된 식품 중 어떤 식품은 섭취 후 순식간에 혈당을 오르게 하는 반면 또 어떤 식품은 서서히 혈당을 올리기도 합니다. 혈당지수가 높은 식품일수록 혈당과 인슐린 수치에 더 빠르고 강력한 영향을 주게 됩니다. 즉, 혈당지수가 높은 식품들은 혈당 수치를 급속히 상승시킴으로써 에너지 활성이 빨라지게 합니다, 반면 혈당을 빠르게 저하시켜 공복감을 빨리 느끼도록 합니다. 반대로 낮은 혈당지수를 가진 식품들은 혈액으로 포도당을 느리게 방출하여 혈당과 인슐린을 천천히 올리고 유지시켜 포만감을 지속시킴으로 불필요한 음식섭취를 하지 않게 합니다. 이 원리를 이용하여 체중감량을 위해 섭취량을 줄여 배고픔으로 고통 받기보다 당지수가 낮은 음식을 균형 있게 섭취하여 포만감을 느끼면서 체중감량을 하는 다이어트가 바로 저인슐린 다이어트입니다. 또한 인슐린은 혈당을 조절하는 것 이외에 어떤 영양소를 태워 에너지로 쓸지 결정하는데, 고혈당 지수 음식을 먹으면 지방보다는 탄수화물을 태우고, 저혈당지수 음식을 먹으면 탄수화물 대신 지방을 태웁니다.

혈당지수는 탄수화물 식품을 50g 섭취한 후 2시간 동안의 혈당변화를 포도당 50g 섭취한 경우 100으로 하여 비교한 상대수치입니다. 이 수치가 55 이하인 식품은 혈당지수가 낮은 식품으로 간주합니다. 예를 들어 사과의 혈당지수는 36, 콘플레이크는 84 정도이며, 아이스크림은 64로 흰 빵의 혈당지수인 70보다 더 낮은 혈당지수를 나타냅니다. 결론적으로 혈당지수가 낮은 식품을 선택하는 것이 비만과 당뇨 예방에 도움이 됩니다. 그러나 식품의 혈당지수는 단지 부분적인 정보일 수 있습니다. 왜냐하면 혈당과 인슐린 수치에 미치는 영향은 혈당지수뿐만 아니라 섭취량도 영향을 주기 때문입니다. 이에 하버드 대학의 월터 C. 월렛 박사는 동료 연구자와 '혈당부하'라는 개념을 개발하였는데, 이것은 섭취하는 식품 중에 들어있는 탄수화물의 양에 그 식품의 혈당지수를 곱하여 얻은 값입니다. 그래서 그 값이 10 이하로 나오면 낮은 것으로 간주하면 됩니다. 혈당부하는 식품의 탄수화물의 양이나 혈당지수 한 가지 정보보다는 식품을 섭취한 후 체내에서 발생되는 생화학적 반응에 미치는 영향을 더 잘 반영하고 있습니다. 따라서 건강한 탄수화물 섭취를 위해서는 탄수화물의 혈당부하가 낮은 것이 더 좋습니다. 그러기 위해서는 음식의 종류별 혈당지수를 파악하고 아울러 양을 조절하여 섭취하는 것이 좋겠습니다.

그러면 무엇이 식품의 혈당지수와 혈당 부하를 결정할까요? 쌀을 비교해 볼 때 현미의 경우 겉껍질이 두꺼워 백미보다 비교적 덜 호화가 되므로 체내에서 소화가 쉽게 되지 않아 혈당지수가 낮습니다. 즉, 통밀을 곱게 갈수록, 쌀의 도정을 많이 할수록 소화되기 어려운 섬유질의 외피를 벗겨냄으로써, 소화 효소의 작용 면적이 커지면서 소화시간이 빨라지게 되어 혈당 지수가 높아지게 됩니다. 어디 그 뿐인가요? 식품에 소화 불가능한 섬유소가 함유되어 있으면, 음식물이 빠르게 소화되는 것을 막아주어, 탄수화물의 소화 산물인 포도당이 혈액으로 방출되는 시간을 지연시켜 주는 효과가 있습니다. 뿐만 아니라 지방 또한 소화 시간을 지연시키므로 지방이 많이 함유된 식품의 경우에도 혈당지수가 낮습니다. 아울러 조리시 기름을 첨가하게 되면 혈당 부하를 낮추는 효과를 가질 수 있습니다. 그렇지만 너무 많은 기름은 열량 과잉을 초래하므로 적당량 첨가하셔야 되겠죠?

식품별 혈당 지수(식품 100g 기준)

식 품	1회 분량	혈당지수(%)	탄수화물(g)	혈당부하
흰 쌀밥	100g	64	36	23
코카콜라	360g	63	39	25
으깬 감자	150g	74	20	15
바나나	중 1개	51	25	13
흰식빵	1조각	70	14	10
전곡빵	1조각	71	13	9
설탕	1작은술	98	10	7
사과	중간 1개	38	15	6
당근	1/2컵	47	6	3

주요 탄수화물 식품의 혈당지수와 혈당부하 수치 |

높은 군	혈당지수	중간 군	혈당지수	낮은 군	혈당지수
백미	70~90	현미	50~60	두류(콩)	18
흰 빵	70	보리빵	65	전곡류 빵	30~45
프랑스빵	95	귀리빵	65	올브란	42
감자	80~100	잡곡콘플레이크	66	우유	27
콘플레이크	84	아이스크림	64	저지방 우유	33
수박	70	바나나/ 파인애플	53/52	사과/ 오렌지/배	36/ 43/28

　　혈당지수 및 혈당부하지수를 고려하여 탄수화물을 선택하는 것은 탄수화물을 주식으로 하는 우리나라 사람에게 유용하나, 총 섭취 열량을 고려해야 하고, 혈당지수가 높은 음식을 섭취하더라도 개인에 따라 혈당과 인슐린 반응이 다른 경우가 있으며, 혈당지수가 낮은 식품이라도 조리법에 따라 혈당지수가 높아질 수 있기 때문에 이도 고려해야 할 것입니다.

6. 지중해식 다이어트(Mediterranean diet)

지중해식 다이어트는 Angel Keys가 1960년대에 처음 말한 것으로 지중해 지역의 공통된 식사법을 의미합니다. 지중해식은 하루 총 섭취 에너지의 30~40%를 지방으로 섭취하는데 주로 식물성 오일, 대표적으로 올리브 오일에서 섭취하고 과일, 야채, 콩류, 견과류, 비정제 곡류, 생선을 많이 먹으며 적당한 알코올(특히 와인)과 낙농제품을 섭취하고 붉은 살코기는 적게 구성되어 있습니다.

이 다이어트는 많은 연구들에 의해 고혈압, 당뇨, 고지혈증, 심혈관질환뿐 아니라 대장암, 유방암 등의 발생을 줄여준다는 것이 밝혀지면서 각광을 받게 되었습니다. 그러나 지중해식 다이어트가 체중감소에 미치는 영향은 연구 간에 아직 일치되지 않고 있습니다. 어떤 연구에서는 체중감소를 보이나 또 다른 연구는 체중이 더 증가하지 않거나 체중감소와 관련이 없는 것을 밝혀지기도 했습니다. 다만 30~40%의 지방을 섭취해도 지중해식 다이어트는 체중을 더 증가시키지는 않는다는 사실에 많은 학자들이 관심을 가지고 있게 되었습니다. 즉 체중 증가의 원인으로 지목되고 있는 지방이 체중에 그다지 나쁜 영향을 미치지 않는 이유는 야채와 과일을 많이 먹기 때문에 섬유소가 많고 비타민과 미네랄 등도 충분히 섭취하게 되며 이들 음식이 저인슐린 다이어트에서 말한 바와 같이 당지수나 당부하지수가 낮기 때문인 것으로 설명되고 있습니다. 또한 섭취하는 지방의 대부분인 올리브 오일은 오히려 샐러드드레싱으로 사용되어 야채를 많이 먹게 하고 이로 인해 포만감을 느끼게 되어 궁극적으로 과도한 식사 섭취를 방지하여 주는 효과가 있습니다.

최근의 한 연구에 의하면 지중해식 식단을 기초로 칼로리를 함께 제한했을 때 저지방, 칼로리 제한 식이보다 더 많은 체중감량을 보여 준다는 보고도 있었습니다.

7. 단 식

단식이란 칼로리가 있는 음식을 일체 먹지 않고 물

만 마시는 방법으로 살을 빼는 방법입니다. 단식을 하면 우리 몸은 체내 대사율을 떨어뜨려 열량 손실을 줄이고자 합니다. 그런데 단식으로 인해 에너지 공급이 제한되면 신체는 체조직이나 체지방을 태워서 에너지를 공급하게 됩니다. 이때 먼저 체조직, 즉 근육이 감소합니다. 근육이 감소되면 기초대사율도 따라서 감소하게 됩니다. 따라서 단식으로 체중을 줄이고 어느 정도 시간이 경과하면 체중이 원래 상태로 회복되거나 오히려 전보다 더 증가하는 것은 단식으로 기초대사율이 10~30% 감소되어 에너지를 소비하는 능력이 낮아져 요요현상이 발생하는 것입니다. 이로 인해 적게 먹어도 다시 살이 찌는 속도와 정도가 더 커지게 됩니다. 또한 단식으로 인해 저혈당상태가 되면서 신경이 예민해지고 신경질이 많아지게 됩니다. 또한 전해질 이상이 생기게 되면서 부작용이 발생하게 됩니다. 이 방법으로는 금방 살을 뺄 수 있을지는 몰라도 다시 요요현상으로 체중이 더 증가될 수도 있으므로 바람직한 방법은 아닙니다.

8. 니트 다이어트

'니트(NEAT) 다이어트'는 생활습관의 변화를 통해 살을 빼는 방법입니다. 먹는 양을 줄이는 것도 중요하지만 일상생활 속에서 칼로리 소모를 높이는 쪽으로 습관을 들이는 것에 더 중점을 두고 있습니다.

'Non-exercise activity thermogenesis(비운동성 활동 열 생성)'의 머리글자를 연결한 니트 다이어트는 미국 메이요 클리닉 제임스 레바인 박사팀이 주도적으로 연구를 진행하고 있으며, '사이언스' 등 의과학 전문지에 연구 결과가 실리고 있습니다.

제임스 레바인 박사는 "일상에서 작은 신체적 활동들을 늘리면 전체 에너지 소비량의 20%를 증가 시킬 수 있다"며 "현대인들에게 비만이 많아진 이유는 자동화로 인해 니트 양이 높은 일들이 낮은 일들로 대체됐기 때문"이라고 설명합니다. 일상에서 작은 신체적 활동을 늘리는 방안으로 일을 미루지 말고 신속하게 처리하는 습관 갖기, 실내 온도를 약간 낮게 유지하기, 앉아 있는 시간 줄이기, 수시로 몸에 힘을 줘서 열을 내기,

테이블 활용해 선채로 빨래 개기 등이 있습니다.

　사람이 하루에 소비하는 총 칼로리의 70~85% 이상이 니트에 해당됩니다. 가만히 앉아있는 동안에도 우리 몸은 음식물을 소화시키고, 호흡하고, 체온을 유지시키고, 뇌활동을 하며 니트 칼로리를 소모합니다. 어디 그뿐인가요? 아침에 일어나 세수를 하고, 옷을 입고, 출퇴근하고 집 청소를 하는 동안에도 니트 칼로리가 소모됩니다. 남성은 하루 평균 소모 칼로리인 2500kcal 중 1750kcal 이상, 여성은 2000kcal 중 1400kcal 이상이 니트에 속합니다. 이렇게 하루 총 소비칼로리의 대부분을 차지하고 있는 니트를 증가시키면 운동을 하지 않아도 살이 빠질 수 있습니다. 조바심을 갖고 빨리 일하는 습관을 들이면 뇌 활동량과 근육 사용량 등이 많아져 니트가 증가할 수 있습니다. 추운 환경에 노출되면 체온을 유지시키기 위해 더 많은 열을 내게 돼 니트가 증가하고, 서있는 시간이 늘면 근육 사용량이 늘어 역시 칼로리 소모가 많아지겠죠? 또 이런 습관이 길러지면 체내 근육 양이 조금씩 증가하면서 기초대사량이 증가해 살빼기가 더욱 쉬워진다는 논리입니다.

1. 지하철에서 서 있기

일부러 서서 가면 앉아서 가는 것의 2배 이상 열량이 소모됩니다.

2. 할인점에서 바구니 이용하기

카트를 이용하는 것의 1.8배 열량이 소모됩니다.

3. TV 볼 때 소파에 깊숙이 파묻혀 앉지 말고 똑바로 앉아서 보기

바른 자세로 의자에 앉는 것은 안락의자에 기대앉는 것의 1.5배 열량이 소모됩니다.

4. 움직이면서 전화 통화하기

같은 시간 동안 제자리 걷기 운동을 하는 것과 효과가 같습니다.

5. 자녀와 몸으로 즐기는 활동하기

TV 보기와 같은 비활동적인 생활보다는 장난삼아 하는 몸싸움, 공놀이 등은 TV 보기의 2배 이상 열량을 소모시킬 수 있습니다.

6. 엘리베이터 이용하지 않기

계단 오르내리기는 소모열량이 높은 활동으로 수영할 때와 비슷한 열량이 소모됩니다.

7. 서서 대화 나누기

손동작을 많이 하고 발성을 크게 하면 더 많은 열량이 소모됩니다.

8. 집안일 할 때 신나는 음악 틀어놓기

청소나 설거지를 할 때 신나는 음악을 틀어놓으면 자신도 모르는 사이에 몸을 더 흔들게 돼 열량 소모가 많아집니다.

9. 서서 빨래 개기

테이블을 이용해 선 자세로 빨래를 개면 앉아서 빨래를 개는 것의 2배 이상 열량이 소모됩니다.

나미녀 양의 칼로리 통장 관리하기

S·t·o·r·y

　　25세의 직장에 다니는 나미녀 양은 최근 고민이 생겼습니다. 직장에 다니면서 불규칙한 식습관과 밤늦게까지 회식과 야식으로 음식섭취량은 점점 많아지는데, 평일에는 일에 매달려 운동도 제대로 못하고, 주말은 너무도 피곤하여 하루 종일 집에서 먹고 자면서 점점 체중이 증가하고 있습니다. 그렇다고 일을 중단하고 다이어트만 할 수도 없고, 직장을 다니면서 체중을 줄일 수 있는 좋은 방법은 없을까하고 상담하기 위하여 방문하였습니다.

나미녀 양의 하루 칼로리 손익계산서를 따져볼까요?

1) 하루 섭취칼로리

때	식사 섭취량	칼 로 리
아 침	우유 1잔	125kcal
9시	밀크커피 1잔	40kcal
11시	인절미 3쪽+녹차100kcal	
점 심	삼계탕 1인분	650kcal
	밀크커피 1잔	40kcal
3시	치즈케이크 1조각	230kcal
	커피 라테	110kcal
저 녁	삽겹살 1인분(200g)	400kcal
	물냉면	500kcal
	소주 3잔	210kcal
	밀크커피	40kcal
10시	라면 1개	500kcal
총 섭취칼로리 2,945kcal		

2) 하루 소비칼로리

① 나미녀 양의 비만도를 알아봅시다.

키 165cm, 체중 65kg / 표준 체중: 59 kg / **비만도: 110%로**
과체중

② 하루 필요 칼로리

현재 체중(kg)×활동량에 따른 필요 열량(30kcal)=
∴ 2,000kcal

3) 전문가 진단

가. 섭취칼로리

• 필요량 대비 섭취칼로리가 많습니다.

• 끼니별 칼로리 섭취 균형이 맞지 않으며, 특히 아침 식사가 부실하여 점심시간 이전에 간식을 먹게 되고, 또한 저녁에 야식으로 열량이 과함. 식품 선택에 있어서도 채소류나 과일류 섭취가 거의 없음.

나. 소비칼로리

• 섭취칼로리 대비 운동을 통한 칼로리 소모량이 없음.

∴ 결론적으로 나미녀 양은 섭취칼로리에서 소비칼로리를 제한 약 1,000kcal의 잉여에너지가 지방으로 전환되어 축적되며, 이 상태가 지속되면서 계속 체중이 증가될 것으로 판단됨.

4) 개선 방법

섭취량의 급격한 감소는 오히려 장기간 지속시키기 어렵고, 요요현상이 나타나 체중증가의 악순환 고리를 반복할 우려가 있습니다. 따라서 장기간 계획으로 생활습관개선과 더불어 체중 감량을 목표로 하는 것이 권장됨.

더 이상의 체중 증가를 막기 위한 칼로리 디자인

현재 체중을 기준으로 한 하루 소비칼로리인 2000kcal을 기준으로 하여 섭취량에서 500kcal을 줄이고 니트 칼로리로 500kcal 증가시켜서 잉여 에너지를 0으로 한다.

① 섭취칼로리 500kcal 줄이기

때	1차 조정 식단		2차 조정식단		조정 칼로리
	식사 섭취량	칼로리	식사 섭취량	칼로리	
아침	우유 1잔	125	저지방 우유 1잔	125	−45
	토스트 2개+버터	250	토스트 2개+버터	250	−
	사과 1/2개	50	사과 1/2개	50	−
	야채샐러드(올리브 오일)	70	야채샐러드(올리 브오일)	70	−
9시	밀크커피 1잔	40	원두커피로	10	−30
11시	인절미 3쪽 + 녹차	100	녹차만	0	−100
점심	삼계탕 1인분	650	삼계탕 1인분	650	−
	밀크커피 1잔	40	원두커피로	10	−30
3시	치즈케이크 1조각	230	귤 1개	50	−180
	커피 라테	110	비스킷 7개+녹차	100	−10
저녁	삽겹살 1인분(200g)	400	삼겹살 1인분	400	−
	물냉면	500	물냉면 1/2인분	250	−250
	소주 3잔	210	소주 3잔	210	−
	밀크커피	40	녹차	−	−40
10시	라면 1개	500	저열량 라면	275	−225
총 섭취 칼로리		**2,945**			**−495**

② 소비칼로리 500kcal 늘이기(니트 칼로리 증가하기)

활동량 증가 항목과 시간	소비칼로리
긴장하고 걷고, 앉아서 사무보기, 수시로 간단하게 스트레칭 하기	200kcal
수시로 걷기(30분 증가)	85kcal
엘리베이터 안타고 계단 오르기 (20분 증가)	160kcal
적극적으로 대화하고 웃기(30분 증가)	50kcal
총 소비칼로리	495kcal

③ 결 과

섭취칼로리(2,500kcal)와 소비칼로리(1일 필요열량 2,000kcal + 증가분 500kcal)가 균형을 이루게 되면서, 지속되던 체중의 증가는 멈추어지면서, 현재 체중인 65kg 정도로 유지되었습니다.

2단계 현재 체중을 표준 체중으로 감소시키기

1단계가 진행되면서 식사량과 활동에 적응되면, 다음 단계 목표를 수립하였습니다. 이제 표준 체중으로 가기 위해서는 하루 500kcal 정도의 섭취 에너지와 소비 에너지의 불균형을 발생시켜야 합니다. 그럴 경우 일주일에 약 0.5kg의 체중 감소를 유도할 수 있으며, 약 1.5~2개월 후에는 표준체중인 59kg에 목표 달성할 수 있을 것으로 판단됩니다.

① 1단계에서 줄였던 식사량에서 500kcal 더 줄이기

때	1차 조정식단		2차 조정식단		조정 칼로리
	식사 섭취량	칼로리	식사 섭취량	칼로리	
아침	우유 1잔	125	저지방 우유 1잔	80	−45
	토스트 2개+버터	250	토스트 2개+버터	250	−
	사과 1/2개	50	사과 1/2개	50	−
	야채샐러드(올리브오일)	70	야채샐러드(올리브오일)	70	−
9시	원두커피로	10	원두커피로	10	
11시	녹차만	−	녹차만	−	
점심	삼계탕 1인분	650	삼계탕 1인분	650	
	원두커피	10	원두커피	10	
3시	귤1개	50	귤 1개	50	
	비스켓 7개+녹차	100	원두 커피로	10	−90
저녁	삼겹살 1인분 (200g)	400	삼겹살 1/2인분 (100g)	200	−200
	물냉면 1/2인분	250	물냉면 1/2인분	250	−
	소주 3잔	210	소주 1잔	70	−140
	녹차	−	녹차	−	
10시	저열량 라면	275	저열량 라면	275	
총 섭취칼로리		2,450		1,975	−475

② 1단계에서 증가시킨 소비칼로리 500kcal 지속적으로 유지하기

활동량 증가 항목과 시간	소비칼로리
평소보다 긴장하여 걷고, 앉아서 사무 보기	200kcal
수시로 걷기(30분 증가)	85kcal
엘리베이터 안타고 계단 오르기(20분 증가)	160kcal
적극적으로 대화하고 웃기(30분 증가)	50kcal
총 소비칼로리	495kcal

③ 결 과

　　섭취칼로리(약2,000kcal)와 소비칼로리(필요열량 2,000kcal+ 증가분 500kcal) 사이에 -500kcal의 음의 에너지 불균형이 발생되면서, 1주일 정도 경과 후, 조금씩 체중이 감소하기 시작하였습니다.

　　체중이 점차 감소하게 되면, set point 이론 등에 의해 내 몸은 비상상태를 감지하고 기초대사율을 낮춘다거나 식품에서 공급되는 영양소의 열량 대사율을 높여 적은 식사량에 대비하여 체중을 유지하려고 합니다. 뿐만 아니라 체중이 감소하면서 1일 소비칼로리도 조금 더 감소하게 됩니다. 따라서 체중 감소가 진행되면 2주쯤부터는 서서히 식사량을 조금 더 감소할 필요가 있습니다. 약 200~300kcal 정도의 식사 섭

취를 줄이도록 하였습니다. 왜냐구요? 지속적으로 -500kcal
의 음의 에너지 불균형을 유지하기 위해서, 앞에서 설명한
바와 같이 체중유지를 위한 우리 몸의 방어기 전에 의해 감
소된 소비 열량만큼 섭취 열량을 좀 더 줄이는 것이 좋기 때
문입니다. 만약 2000kcal 섭취를 유지한다면 섭취와 소비 열
량의 음의 균형이 적어지게 되겠죠? 그렇게 되면 점차 체중
감소 속도가 느려지면서 표준 체중에 도달하는 시간이 지연
될 수 있습니다.

3단계
표준 체중으로 유지하기

나미녀 양은 처방되어진 칼로리 디자인에 잘 따랐습니
다. 따라서 우리가 목표했던 기간보다는 약간 더 긴 약 3개
월 후에 표준체중(59kg)으로 체중이 조절되었습니다. 그 후
에도 조절된 식사량으로 습관화시키는 노력을 지속하고 있
습니다. 1주일 단위로 체중 변화량을 체크하면서 체중 변화
에 따라 활동량 혹은 칼로리 섭취를 조절하면서 표준 체중
범위 ±1~2kg 이내에서 유지하도록 하였고, 6개월에 한 번
씩 전문가에게 식사 섭취 상태 및 체중 변화에 대하여 체크
받도록 하였습니다.